你不可不知的武夷岩茶

海峡出版发行集团 | 福建美术出版社
THE STRAITS PUBLISHING & DISTRIBUTING GROUP | FUJIAN FINE ARTS PUBLISHING HOUSE

图书在版编目（CIP）数据

你不可不知的武夷岩茶 / 南强著. -- 福州 : 福建美术出版社, 2021.2
ISBN 978-7-5393-4102-6

Ⅰ. ①你… Ⅱ. ①南… Ⅲ. ①武夷山—茶叶—问题解答 Ⅳ. ① TS272.5-44

中国版本图书馆 CIP 数据核字（2020）第 127164 号

出 版 人：郭　武
责任编辑：郑　婧
装帧设计：伍　柯
封面设计：侯玉莹

你不可不知的武夷岩茶

南强　著

出版发行：福建美术出版社
社　　址：福州市东水路 76 号 16 层
邮　　编：350001
网　址：http://www.fjmscbs.cn
服务热线：0591-87669853（发行部）　87533718（总编办）
经　　销：福建新华发行（集团）有限责任公司
印　　刷：福州万紫千红印刷有限公司
开　　本：889 毫米 ×1194 毫米　1/32
印　　张：6
版　　次：2021 年 2 月第 1 版
印　　次：2021 年 2 月第 1 次印刷
书　　号：ISBN 978-7-5393-4102-6
定　　价：39.80 元

目录

品种与产品

1. 茶叶品种与茶叶产品一样吗？分别如何命名？
2. 武夷岩茶有哪些主要产品？
3. 「大红袍」是什么茶？它有哪些传说？
4. 大红袍是如何管理与制作的？
5. 真实的「大红袍」是什么？

……

01 茶叶品种与茶叶产品一样吗？分别如何命名？

武夷山的茶叶品种和茶叶产品非常丰富，要了解武夷岩茶，首先得了解茶叶品种与茶叶产品的联系与区别。

茶叶品种指的是生物学意义上的茶树种类，是用以制作茶叶产品的原料。

武夷山的茶树种质资源极为丰富，是名副其实的茶树“品种王国”。其中一些本地良种已定为国家和省级良种，并成为武夷岩茶的当家品种。除此以外，还有一些从外地引进的茶树良种，经过长期的培育改良，适应了武夷山的自然环境，成为武夷山茶叶品种的重要组成部分。名丛是其中特征明显、性状较稳定的品种；其余则统统属于奇种。丰富优良的茶树品种既是武夷山特殊地理气候环境形成的，也是武夷山茶人经过长期努力、辛勤培育的结果。

一种茶树必须有一个名称作为唯一标志。以色、香、味形容的，如肉桂、白鸡冠、水仙等；也有以采摘时期不同而命名，如不知春、冬片等；还有以茶树枝叶形状命名的，如雀舌、瓜子金、曲奇等；

茶叶产品的含义属于商品学的概念。是指以茶树嫩芽为原料经过加工制作而成的商品，简称“成品茶”。茶叶产品源自茶树的嫩芽，嫩芽俗称“茶青”。茶叶产品分为粗制茶与精制茶两类。粗制茶属半成品，又称“毛茶”。将毛茶经过拣剔筛选、拼配、复焙等再次加工为成品茶，称“精制茶”。一般来说，市场上见到都是精制茶。人们日常冲泡饮用的，也都是这类茶。

精制茶命名复杂得多，茶叶产品的名称有的与茶树品种一致，有

九龙窠品种园

● 我国茶类按加工方法可分为绿茶、红茶、白茶、黑茶、普洱茶、青茶（乌龙茶）、花茶七大类。一般以茶叶制作时的发酵情况确定茶类。

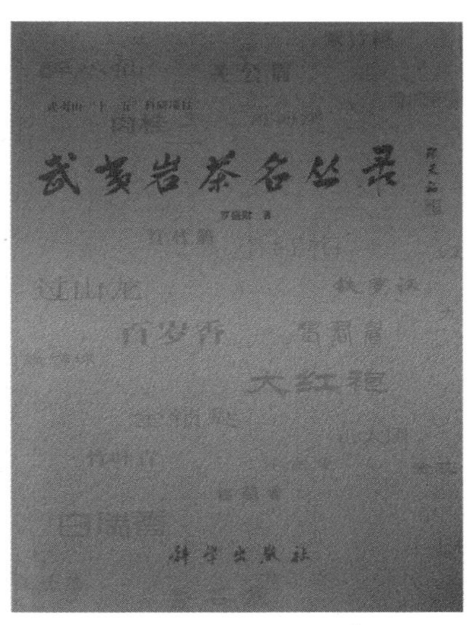

《武夷岩茶名丛录》

的则不一致。武夷山茶树品种资源丰富，适制性很广，有的品种适合制作一种茶类产品，有的品种适合制作多种以上的茶类产品。所以常常出现同一品种因制作后的成品不同而名称不同的情况。

我国茶类按加工方法可分为绿茶、红茶、白茶、黑茶、普洱茶、青茶（乌龙茶）、花茶七大类。一般以茶叶制作时的发酵情况确定茶类。所谓的发酵，就是茶青在制作过程中的氧化过程。武夷岩茶属于半发酵茶。因为在制作开始时即通过摊晾摇动发酵，所以又称前发酵茶，由于在做青过程时茶叶一直保持青绿色，所以半发酵茶又称“青茶”。

茶叶产品名称通常都带有描述性。命名的依据，除以形状、芽头颜色、香气滋味和茶树品种等的不同外，还有以生产地区、采摘时期和技术措施以及销路等等不同而命名。如武夷岩茶中的大红袍、奇兰、牛栏坑肉桂、竹窠水仙、吴三地水仙等等。

02 武夷岩茶有哪些主要产品？

武夷岩茶特指武夷山出产的乌龙茶。主要产品有五大类：大红袍、肉桂、水仙、名丛、奇种。其中大红袍、肉桂、水仙属于武夷岩茶的当家产品。名丛中最著名的是铁罗汉、白鸡冠、水金龟、半天妖，合称“四大名丛”。奇种又叫菜茶，种类最多。尽管如此，在武夷岩茶中，名丛与奇种所占分量较少，不过20%左右。

除此之外，还有相当一部分是外地引进的良种茶树制作的产品，常见的有奇兰、佛手、瑞香、丹桂、九龙袍、金牡丹、黄玫瑰、春兰等等。这些品种多为高香型，适制清香型产品。

武夷岩茶产品从加工制作工艺上来看，也有不同情况。从发酵程度上来说有三类：重发酵、中发酵、轻发酵。重发酵指做青时发酵程度较重的，叶片红化约七成；中发酵红化约五成，轻发酵红化约二三成。

从精制焙火程度来分也有三类：轻火、中火、重火。轻火指焙火时温度较低，时间较短；重火则温度较高，时间较长；中火则居中。一般来说，轻发酵适合轻火烘焙，这样加工成的茶，茶汤呈淡黄色，突出了花果香，俗称清香型岩茶；重发酵的适合重火烘焙，这样的产品茶汤呈深红或深褐色，旨在突出茶汤的醇厚度；中发酵的根据不同情况采用轻火或重火烘焙，茶汤颜色呈橘黄或琥珀色，既有幽雅的花果香，又有当的醇厚度，兼有两方面的长处。

岩茶烘焙工艺俗称“火功”，火功较重与中等的是传统型岩茶，为许多老茶客所欢迎。清香型岩茶则是近年来的新型产品，由于花香突出，受到许多新接触岩茶的消费者的欢迎。

斗茶包装

● 武夷岩茶特指武夷山出产的乌龙茶。主要产品有五大类：大红袍、肉桂、水仙、名丛、奇种。其中大红袍、肉桂、水仙属于武夷岩茶的当家产品。

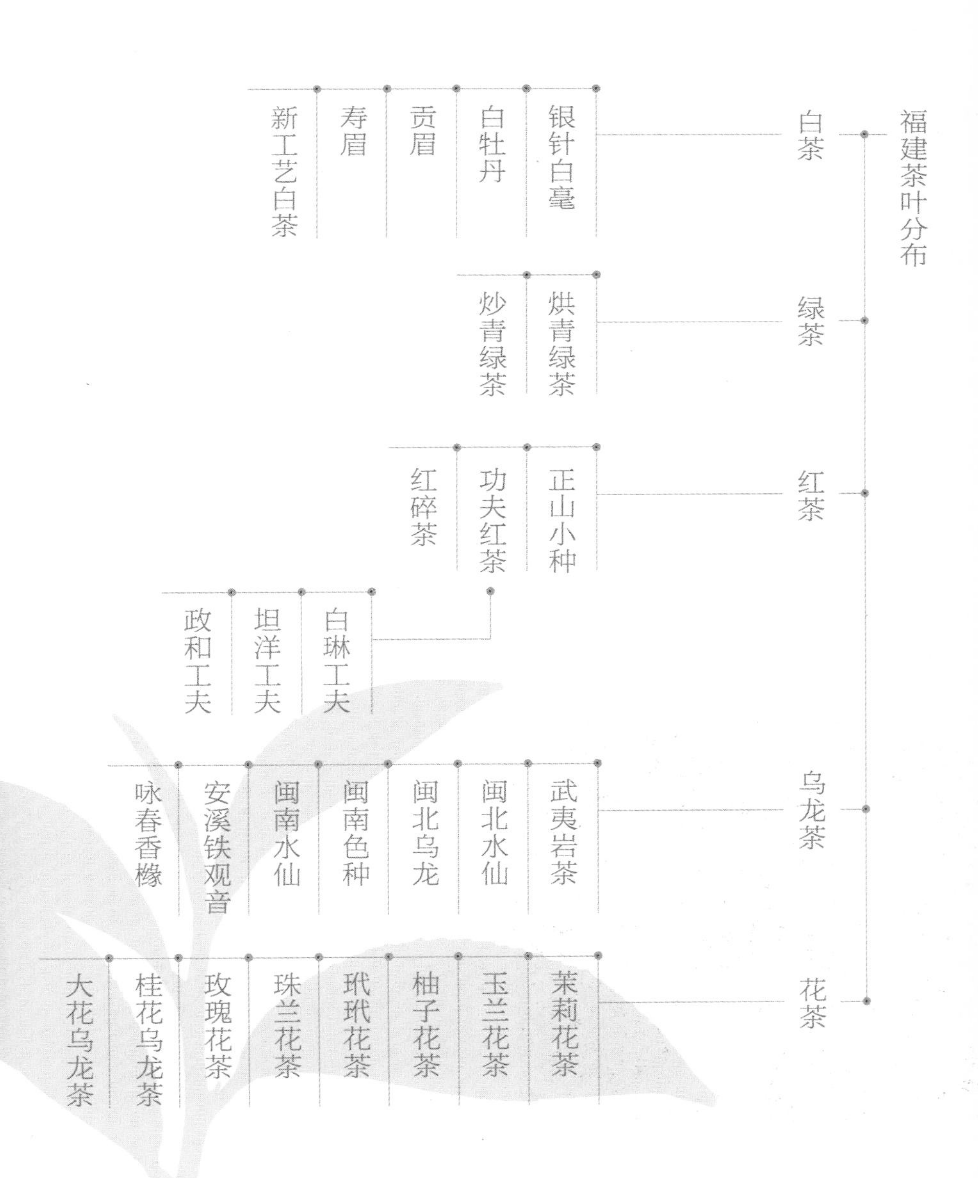

03 “大红袍”是什么茶？它有哪些传说？

大红袍，是武夷山原生茶种。目前有据可查且为专家公认的母树，在风景区九龙窠的悬岩半壁上。

在有关武夷岩茶的各种传说中，大红袍的神话流传最广，规格也最高。比较公认的版本有三种。

一为御封说。

传说许多年前，一位长年深居皇宫中的娘娘突然得病，肚腹胀闷，不思饮食。皇帝请来御医，百般诊治，皆无起色。无奈之下，只得命太子火速出宫，寻找良医良药。太子出京城后，一路奔走，四处寻访，均无所获，最后到了武夷山。只见奇峰怪石，林深路险。正在发愁往哪里走时，猛听远处有人呼叫救命。太子急赶上去，只见一只猛虎正要撕咬一位老人。太子怒而拔剑，当场杀死猛虎，救了老人。老人为谢太子，热情相邀太子到家。言谈间，得知皇后病重，问清状况后。当即带太子到一座悬崖前，指着半壁上一丛小树，说山里人如遇肚腹胀闷，采下此树叶片煎汤服用，其效如神。太子大为高兴，攀上岩壁，脱下身穿的大红袍，采了一大包下来。星夜赶回京城后，将树叶煎汤奉送皇后。只见一碗初下，肚中作响；二碗再饮，上下通畅；三碗下肚，神清气爽。果然药到病除。皇帝大喜，一首圣旨，将那丛茶树赐名“大红袍”，并封老人为护树将军。

大红袍——奇丹

二为状元说。

传说若干年前，一位秀才进京赶考，行经武夷山时，突患肚疾，痛不可忍。刚好被天心寺方丈碰上，救回寺中。方丈问清秀才病况，随即从室中一小陶罐中取出一把黑乎乎的干树叶，用沸山泉水冲泡一大

● 御封说、状元说、军队看守说，论哪种版本的传说，都不过是传说，表达的都是当地百姓崇拜与美化大红袍的愿望。

碗。秀才闻得此汤香气，人就舒服了一点，再喝下肚去，稍过片刻，便觉肚中咕噜大响，回肠荡气，四肢百骸，毛孔喷张，很快就恢复了精神。病好后，千恩万谢，辞别方丈继续前行。不久后，此秀才魁星高照，中了状元。皇帝见他才华出众，相貌英俊，满心欢喜，又招他做了驸马。秀才功成名就，荣归故里。途经武夷山，想起方丈救命之恩，遂停轿上山拜见方丈。问起当年所饮之物。方丈便带他到九龙窠，指着半壁上那一丛茶树说，就是他。秀才大喜，当即脱下身穿的状元大红袍，亲手盖在茶树上。从此，那茶就被寺僧称为"大红袍"。

三为军队看守说。

据武夷山的一些老人传说，早在民国时期，大红袍就有军队看守。中华人民共和国成立初期，政府也常派兵看守；"文革"期间，最多时曾有一个排的兵看守。前不久，还有人写了一篇文章，以一位国民党老兵的口气，讲述当年看守过大红袍，后来又从北方来武夷山故地重游的生动故事。几棵小小的茶树，竟要政府派兵看守。这在中国，恐怕是绝无仅有了。其实，这是事出有因，然查无实据。国民党政府何时何地派兵守大红袍，未见任何史料。倒是蒋介石到过武夷山，至今天游顶上仍留有遗墨牌坊。也许是为了保护蒋介石安全，在九龙窠设过岗哨吧？中华人民共和国成立初期，据说曾有一个班的解放军在九龙窠大红袍附近驻扎过一阵子，然而究竟为了什么目的？有的说是剿匪，有的说是保护文物古迹，有的则说是看守大红袍。其后，在相当一段时间内，景区包括九龙窠大红袍在内的原寺产，统统划归附近的劳改农场管理。于是便常有武警在九龙窠走动，主要任务并非看守大红袍，而是看押在山上干活的劳改犯。在老百姓的心目中，凡穿制服背大枪的，统统是兵。这或许就是派军队守茶的由来吧。

无论哪种版本的传说，都不过是传说，表达的是当地百姓崇拜与美化大红袍的愿望。

04 “大红袍”是如何管理与制作的？

多年来，大红袍茶树的确一直有专人看守和管理。平时的管理不用说，采摘、制作时，茶叶局的领导必定亲自到场监督；制好的茶叶，必须专人保管。使用时，每一泡都必须县长亲自批准。20 世纪末时，我到武夷山去看望朋友，其时他在县长岗位上，见我来了，说，你来得正好，刚好省里有位领导要尝尝大红袍的味道，我已经批了几克来泡了。于是我也沾光尝到了大红袍的味道。平心而论，那时我还不懂茶叶，只看到茶汤颜色如琥珀一般晶莹透亮，根本品不出味道如何。后来则没有机会再品尝了，回想起来，真有些遗憾。

后来我跟那位朋友谈起此事，问他既然大红袍这么珍贵，这么少，为什么不将它进行人工移植，让更多的人品尝到呢？朋友听了不置可否，只是叫我去找姚月明、陈德华先生，说关于此事他们最清楚。

姚月明先生从 20 世纪 50 年代初就到武夷山从事茶业工作，是武夷岩茶的元老级权威了。我找到他后，问起大红袍的事。据他回忆，

朱雀

● 采摘、制作时，茶叶局的领导必定亲自到场监督；制好的茶叶，必须专人保管。使用时，每一泡都必须县长亲自批准。

那时他年年参与监制大红袍，除了茶叶局的领导，还有公安局领导带着手枪，同时监督整个采摘和制作过程。移植大红袍要省级有关部门批准才行。20 世纪 60 年代，省茶科所来人要大红袍茶苗搞科研，是拿了省领导的批条才准许剪走 5 根穗条的。

陈德华先生任过武夷山茶科所负责人，现在为国家级非遗武夷岩茶（大红袍）传承人。他通过省茶科所，将移植在省品种园中的大红袍要了几穗回来。

20 世纪 80 年代之后，随着武夷山旅游业的大发展，大红袍知名度陡增，希望品赏大红袍茶的人越来越多。然而，仅九龙窠母树的那点茶叶产品，一般人是可望而不可即的。能不能多发展一些大红袍，以满足越来越多的需求呢？ 20 世纪 90 年代末以后，由于经济体制产生变化，政府不再直接管理大红袍母树。一些武夷山茶人研制出了拼配型大红袍成品茶。经专家们审评鉴定，在质量上可以和母树大红袍产品媲美，完全可以作为商品茶投放市场。不出所料，大红袍产品一投放市场，就获得了成功。许多早就慕名大红袍、渴望一品韵味的茶客，争相抢购。

为了保证大红袍产品的质量，武夷山政府根据省内外茶业专家的意见，制订了规范性质量标准，并对茶叶市场进行整顿，实行了上市审批制度，有效地保护了大红袍产品的声誉，使大红袍成为武夷岩茶最著名的代表产品。

大红袍母树

05 真实的“大红袍”是什么？

真实的大红袍茶树，原来只是武夷山的一丛奇种。据民国时《蒋叔南游记》记载，大红袍茶树除了九龙窠，天游岩、珠帘洞、北斗岩等处还有几丛，不过，产量极少，品质较好，全部产量不过七八两，所以价格昂贵。现在公认的母树，是风景区九龙窠石壁上刻着“大红袍”三个大字的那一丛，一共六棵，有四个奇种。因九龙窠茶树原系天心寺寺产，僧人见此丛茶树芽叶紫红，又长在丹岩上，霞光照映时，远远望去一片红艳，于是将其取名为“大红袍”。据好事者考证，“大红袍”三字虽系20世纪30年代原崇安县县长吴石仙原书，名称实为早先的寺僧所起，也是寺僧将其刻到崖壁上，是寺僧借助县长权势更好地保护茶树，还是为了抬高茶树身价？不得而知，但是不管叫什么，有一点是毫无疑问的：根据专家测定，九龙窠石壁上的茶树树龄在360年左右，绝对要比“大红袍”名称出现的历史更久远。而且在宋、元时确实是专供皇家的“御茶”，

因为宋、元时武夷山茶园属于皇家茶园的一部分。明朝初年，朝廷取消了武夷山“御茶园”，然而因为有那么一段辉煌的历史，尽管今天的九龙窠茶树已经不是1000年前的茶树，仍然会蒙着一层“御茶”的高贵光环。

自20世纪80年代以来，武夷山旅游业飞速发展，由于九龙窠大红袍所处地点为武夷山旅游热线之一，有关它的传说趣味盎然，导游与好事者又添油加醋，于是广为流传。九龙窠石壁上的那几棵茶树，也就变成了身份高贵的武夷“茶王”，受到千千万万游客的瞻仰和朝拜。从而又引出了许多新的传说与神话来。

06 武夷水仙是什么茶？有哪些特点？

武夷水仙，指的是武夷山的水仙茶，国家级优良茶树品种。水仙茶原产于建阳市小湖乡岩叉山祝仙洞，距武夷山核心景区数十里。清末民初时，附近一茶农到此山砍柴，偶尔发现一棵小树，长得像茶，但是叶片更肥大，摘下揉捻后，冒出一股浓郁清香。好奇之余，将此树移栽家中后园。成活后用来制茶，品质胜过一般茶树。因其移自祝仙洞，故名祝仙。消息传开之后，很快四处流传。茶名也随建阳方言“祝仙”谐音，称为“水仙”。

水仙茶不仅品质优异，单位面积产量高，而且适应性强，在一定区域的不同环境中均能保持稳定性状，因此茶农戏称其为“懒水仙”。目前已成为包括武夷水仙在内的闽北乌龙茶的最主要品种之一，同时也是闽南乌龙与广东乌龙的重要品种之一。（闽南乌龙以永春水仙为代表，广东乌龙以凤凰水仙为代表。）

水仙属于小乔木型大叶类，发芽较晚，一般要到谷雨后才能开采。水仙的成品茶，外观条索较一般干茶粗壮，呈油亮蛙皮青或者乌褐色。有一股很幽很柔的兰花香，有的则带乳香和水仙花香。但无论何种香型，都带有轻甜味。沸水冲泡之后，香味更为明显和悠长。水仙茶最大的优点是茶汤滋味醇厚。武夷山茶区素有“醇不过水仙，香不过肉桂”的说法。水仙的“醇”，一是有明显的甘、鲜感。这种甘，不是糖水般的甘甜，而是有点类似甘草汤的甘口；鲜，也不是加了味精的鲜，而是类似熬透的鸡汤的鲜；二是有很强的滑爽感。但这滑、爽不是一般的滑爽，而是带有黏稠度与柔韧性的，有人将之比喻为如同喝“极细嫩的豆浆”。另一种比喻就是有“沙甜感”，好像吃熟透的西瓜；第三，也是最重要的，留味长久。品过一杯水仙茶，那种美好的茶香滋味会在齿颊间保留相当一段时间，甚至半天挥之不去。

水仙之醇，与正山小种红茶或者普洱茶的醇又有不同，是清醇。正山小种红茶茶汤滋味稠度相当，但熟润感强，三四水后，更显稠滑

● 水仙茶不仅品质优异，单位面积产量高，而且适应性强，在一定区域的不同环境中均能保持稳定性状，因此茶农戏称其为“懒水仙”。

甘爽，变得圆醇。普洱茶汤则更稠厚，甘草味明显得多，是陈醇。

市场上常见的武夷水仙，有的称“正岩水仙”，以示产地纯正。但是否真的正岩茶，需要相当的鉴别能力。近几年武夷岩茶名声日隆，价位不断攀升，因此出现不少外山产的水仙，有的质量不错，有的则一般。一般来说，水仙成品茶仅凭外观极难分辨是正岩还是外山。最简单也是最可靠的鉴别办法，就是冲泡比较。在同样的条件下，外山水仙虽醇却无岩韵，往往三泡以后茶味淡薄，落差较大。而正岩水仙三四泡韵味最佳，七泡犹有余韵。

水仙茶树

虽说武夷水仙的品质总体上比较优异，但并不意味着其他地方的水仙都不好。有些外山水仙，特别是产于海拔 600 米以上高山区的水仙，品质也相当不错，自有一种特别的清香，品赏后可能会有另一种惊喜。值得一提的是“闽北水仙”。闽北水仙特指武夷山之外山场生产的水仙，主产地在建瓯。历史上建瓯曾是宋代北苑茶的核心产区，中华人民共和国成立后亦是福建乌龙茶主产区，水仙是其最主要的品种，一直以外销为主。

闽北水仙曾获得过两次南洋世界博览会金奖，以及国家轻工业部评比金奖、银奖。近年来随着市场的变化，除了生产传统的外销产品外，开始发展内销产品，质量得到不断提高。与武夷水仙相比较，虽然没有其特有的“岩韵”，但有香浓味醇的自身特点，受到不少消费者的欢迎。

07 老丛水仙是什么？究竟是“丛”还是“枞”？

老丛水仙是近年来新出现的一种武夷岩茶产品。

许多厂家将“丛”写成“枞”，其实这是一大失误。查新华字典或辞海可知，枞读[cōng]或[zōng]，指的是一种常绿乔木，即冷杉。树皮多呈鳞片状，叶线形。丛读[cóng]，指聚集生长在一起的草木。武夷山方言中“丛”的读音与释义与新华字典一样，所以，准确的字应是“丛”。而“枞”的读音、意义均与茶树有极大差异，之所以将“老丛”写成“老枞”，纯属望文生义。尽管如此，许多茶叶包装仍然固执地写成“枞”，久而久之，就以讹传讹了。

老丛，顾名思义，指的是树龄很老的茶树。那么，究竟要多少年的茶树才能算老丛呢？有人说30年以上，有的说50年以上，有的说至少要100年以上，如此等等，不一而足。事实上，所谓的“老”，是一个相对的概念。在儿童的眼中，30岁就算老了，可在老人眼里，30岁就是个青年；在过去，到了50岁就可自称“老夫”“老朽”，但按时尚的观念，50岁还正是壮年，到了70岁才算得上老，才能享受老人补贴。茶树的寿命要比人的寿命长多了，要称“老”恐怕至少也要50年以上。

如果按50年以上树龄计，从2019年逆推上去，只有在20世纪70年代以前种植的茶树，才可算“老丛”；如果按100年计，要20世纪初种的茶树才够资格。但20世纪初的老茶树极为罕见，20世纪五六十年代种的茶树也不多；真正有些数量的主要是20世纪80年代的茶树，因为那时经济大发展，武夷山茶业迎来一个发展新时期，所种茶园相比较多，那时种下的茶树如今说是“老丛”也差不了多少。

但是对于茶客来说，更多关注

水仙母树碑

● 查新华字典或辞海可知，枞读 [cōng] 或 [zōng]，指的是一种常绿乔木，即冷杉。树皮多呈鳞片状，叶线形。丛读 [cóng]，指聚集生长在一起的草木。

的并非茶树的新或老，而是所谓的“丛味”。“丛味”是什么？“丛味”究竟是什么样的味道？绝大部分茶客的解释是茶汤滋味较一般水仙更黏稠甘纯、有一股强烈的木质气息的味道。实际上是一种茶叶本身的自然味道，这在晒青茶中最常见，但最有特征的“老丛味”是一种闻起来类似“青苔”的气息。青苔本身的味道是一种清新的草味；老丛的青苔味不是一般的青苔味，而是生长在岩石上的青苔味。如大晴天突遇阵雨后又放晴时，山谷林间散发出来的一种带着暖烘烘的岩石气息的、具有相当穿透力的强烈青苔味。这种味道是武夷岩茶“岩韵”的一个重要特征，有时甚至是判别是否“正岩”老丛的一个标准。如果是上品老丛水仙，首先是具有明显的水仙品种特征，岩韵强烈，至于青苔味则是要仔细体会才能隐隐约约感觉到的味道。

也有一些“老丛”水仙的青苔味，是存放时轻度返潮引起的返青味。这种情况在一些没有焙透火或者轻焙火的武夷岩茶中经常遇到。一般来说，如果返青味不算太严重，复焙一下即可解决。但是无论如何，终不能把返青味当作丛味。这是需要认真鉴别的。

能称上老丛的，除了水仙，偶尔还有老丛肉桂，以及别的老丛茶。但根据我的经验，肉桂茶因为品种香气比水仙浓烈，虽说有的是几十年的老丛，但是“丛味”并不明显，所以市场很少打出老丛肉桂的牌子。

除了老丛水仙之外，近年来又出现一种名为高丛水仙的水仙茶。高丛的含义有两种，比较容易理解的是高山上生长的武夷水仙，一般指海拔千米以上的茶园水仙，这类茶树产品口感特别清爽，别有风韵。另一种含义则是指树丛很高的水仙。这类水仙多生长在杂树丛生的环境，因为年久失于管理，几近荒芜。茶树丛较管理好的茶园高许多，一般在 3 米以上，呈细高丛生状。虽说这类茶树产量很低，但用以制作的产品不仅口感清爽，而且具有特别的山野气息，算得是难得之品。

08 肉桂有哪些特点？

肉桂

武夷肉桂是国家优良茶树品种，其最大的特点和优点，就是香气高锐、香型独特。

肉桂又名玉桂，一说原产慧苑岩，一说原产马振峰。但不管如何，此茶为武夷山原生树种无疑。肉桂茶被发现至今已有100多年历史。由于其品质优异，性状稳定，不仅成为武夷岩茶的当家品种，而且也被外地广为引种，成为乌龙茶中的一枝奇葩。在多次国家级名优茶评比中，肉桂茶作为武夷岩茶的典型代表参评，均获金奖。20世纪90年代后，武夷岩茶跻身于“中国十大名茶”之列，主要也就是依靠肉桂的奇香异质。

肉桂为灌木型中叶类，晚生种。成品干茶，外观条索紧实扭曲，中等大小，色泽乌褐或蛙皮青，油亮有细白点，常有一层极细白霜。肉桂的香气相当奇异，有专家将其比喻为桂皮香或者姜母香。事实上，武夷山茶农之所以将其名为肉桂，是因为此茶的叶片和香气类似于武夷山中一种名为“玉桂”的桂科树。此树叶状如鸡卵，叶尖细长，叶肉肥厚，纵脉明显，蜡质感强，有一股浓郁的清香。山民常常采来用棉线穿成串，晾干后用作烹调佐料。有时也会挑到集市上出售。作调料时一般在热炒或者红烧时使用。先将干叶放火上焙烤片刻，香气溢出后再投入锅中，如今一些宾馆、酒店也在使用。最有名的一道菜要数桂香田螺，无论热炒、红烧，味道都极佳，那种奇特香味令人印象深刻。

不过，细辨之下，还是可以发现肉桂的香型与玉桂叶的香型有些区别。玉桂的香是一种甜香，而肉桂的香是一种辛香。我还觉得，肉桂香其实更像“菖蒲香”。菖蒲是一种多年生水生草本植物，武夷山溪涧旁到处都有生长，外形有点像阔叶兰草，但不是兰科而是天南星科，有一股辛烈的香气。民间常于端午节时采来与艾草一起挂在门前驱秽避邪。而据科学研究，菖蒲可提取香精，其根具有健胃作用。

除此外，常见的肉桂香型还有复杂多样的花果香，而且往往是泡到后面，花香愈显。有的极品肉桂，每一道汤水的香型都有变化，浓郁的糯香、尖锐的辛香、清纯的花香，不断地相继交错，相当迷人。肉桂的香气不仅奇特，而且极为高锐。冲泡后细细闻之，便会感到热气茵蕴中那股奇香缕缕不绝，游丝般地直往脑门顶钻，不觉使人精神为之一振。

肉桂奖杯

肉桂茶汤的滋味虽然在醇厚滑爽方面略逊水仙，但别有一种峻烈的骨感。有的肉桂初入口时会有轻微苦涩，但是很快回甘，而且留韵长久，回味无穷。

目前武夷山市场上的肉桂成品茶，有浓香型和清香型两种。浓香型即传统型，多为中发酵、足火功。成品干茶外观色泽较深较黑，冲泡后的茶汤呈橘红或深红，香气沉郁。清香型则突出了肉桂的花果香，冲泡后茶汤颜色较淡，香气纯粹，特浓特锐。有一次我将小瓷杯中剩余的一点上品清香茶汤倒进一玻璃杯白开水中，过了一夜，居然花香犹存，令人惊叹不已。

09 “四大名丛”是那些?

名丛，一般是指那些自然品质优异、具有独特风格的茶树单丛。名丛是从大量“菜茶”品种中经过长期选育而形成的。用名丛茶树制作的成品茶，在市场上一般都享有较高的声誉，为消费者所认可。

一般认为，武夷岩茶有四大名丛：大红袍、铁罗汉、水金龟、白鸡冠；后来大红袍成为单独一类产品，便将半天妖补进去，仍是四大名丛。但前不久看到一份资料，说现在岩茶已有十大名丛——白瑞香、金锁匙、白瑞香、雀舌、北斗等等。又有一说，有70个现存名丛。究竟几种，也许并不重要，重要的是这些名丛制作的成品茶，是否名副其实，体现出典型的品种特征与岩韵。

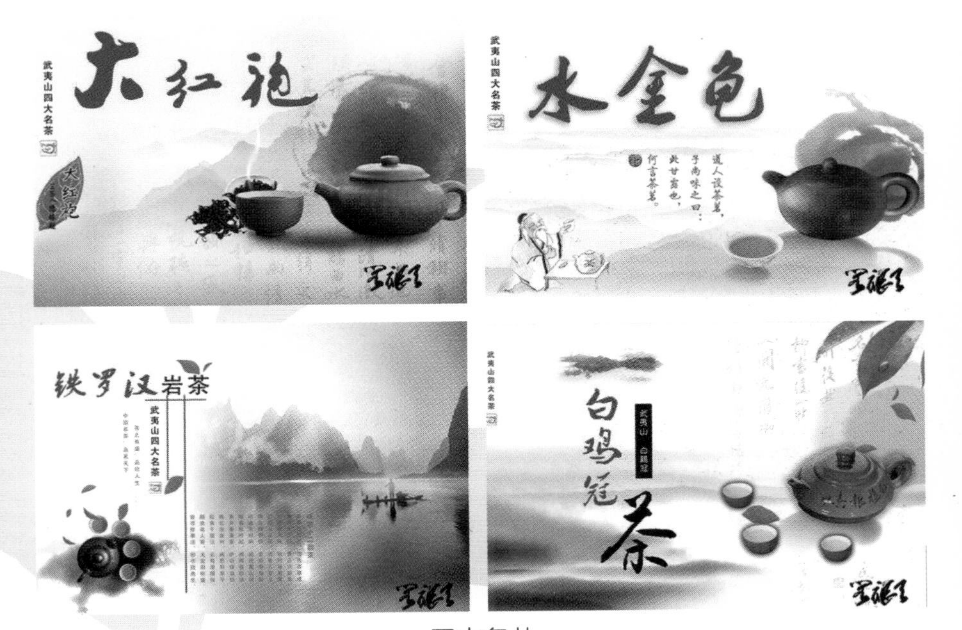

四大名丛

10 “四大名丛”有什么特点和传说？

考证名丛茶名由来的传说，十分有趣。同时也能借此了解名丛茶的特点。

铁罗汉

此名最早见于宋代郭柏苍《闽产录异》一书。铁罗汉原产于慧苑岩鬼洞。民间传说有一次西王母在武夷幔亭设宴，遍请包括五百罗汉在内的诸天神佛。就在此次宴中，管茶罗汉一时高兴，喝醉了酒，回去途经慧苑时将手中茶枝掉了。第二天被一早起的老农捡到，老农见其枝条粗壮，叶片厚实，深绿如铁，

铁罗汉

铁罗汉

将其插在旁边坑中，随即成树。用它制成的茶叶品质特异，于是逐渐传播。清乾隆四十六年（1781），闽南惠安施集泉茶庄主人施大成，到武夷山选购茶叶，发现此茶后，当即重金收购。此茶在闽南面市后，因其优异的品质而大受欢迎。据一些老茶客回忆，施集泉茶庄的铁罗汉采用传统乌龙茶工艺制成，发酵与焙火都偏重，干茶条索乌黑紧结，厚重如铁。存放多年后，不仅茶汤醇厚，而且对风寒感冒、中暑、调理肠胃有特殊疗效，是闽南居家常备之物，深受东南亚华侨欢迎。

水金龟

传说此茶原本长于天心岩，是天心寺庙产。一日，武夷山暴雨倾盆，

名丛在明朝前就已成为商品茶，清代时，名丛是武夷岩茶的主要代表；名丛均产于武夷山景区内的岩凹石壁上，一直到现在，产量也不多。

洪水将此茶连根冲走，直到牛栏坑一个凹处，才被岩石挡住。洪水过后，附近兰谷岩主人上山，发现此茶，因势利导，在山凹处砌了一个石围坡，堆土培根，因此成活。此茶长大成丛后，树型敦实，枝干纵横如龟背纹路，叶片油绿肥厚，形似金龟，又因它是水中漂来，主人便将它取名为“水金龟”。用它制成的茶叶香浓汤醇，别有韵味，常有茶商高价收购。天心寺知道后，便要争回此茶，因此与兰谷岩地主磊石寺发生诉讼，前后费去数千银圆。最后此茶归属虽然不了了之，但两寺为一棵茶树不惜重金相争，由此可见此茶之弥足珍贵。

白鸡冠

此茶最早见于明代。一说原产于蛇洞，一说原产于慧苑岩。传说一日天游寺僧人到山上茶园干活。突听到远处一阵鸟叫。抬头一看，原来是一只巨大的老鹰，在追捕一群白锦鸡。为首的那只雄锦鸡为保护母鸡和小鸡，怒发冲冠，颈毛乍起，奋不顾身地冲上去迎击老鹰。

白鸡冠

一番拼搏后，老鹰撤退了，但白锦鸡因伤重而死。僧人眼见这番以弱击强的殊死之斗，深为白锦鸡的勇敢感动，便将白锦鸡埋在茶园旁。没想到第二年，埋鸡处竟然长出一株奇特的茶树。树形茁壮，茶叶嫩芽浅淡如黄玉，远远望去，如同一只顶着白冠的雄鸡。僧人大惊，想起那只白锦鸡，心想莫非是它转世？于是取名为“白鸡冠”。用此树制成的茶，干茶色泽较一般岩茶浅淡，茶汤香气特异，淡而有韵，因此成为岩茶中的珍贵品种。喜欢淡雅风格的消费者特别青睐此茶。事实上，武夷山的白鸡冠，源于宋代北苑御茶园的白芽茶，因产量稀少，当时就成为茶中奇瑞而为宋徽宗称道，

● 名丛的发现、培育与制作，都跟寺庙有关；名丛茶树在外形上各有明显特点，但在岩韵特征上，相互间差别似乎不是很大。

一直流传至今。

半天妖

又名半天腰，原产于三花峰。传说某夜天心寺住持梦见一只白鹞，口里含着一粒晶莹的宝石在蓝天上飞翔，突然半空中冲出一只凶猛黑鹰，直扑白鹞，要抢那颗宝石。白鹞奋力反抗，终因力不从心，身负重伤。情急之中，将宝石抛下三花峰。住持醒来后深感诧异，第二天亲率寺中僧人，往三花峰寻觅。经过一番艰难跋涉，终于在三花峰半腰上一个岩缝中，发现与梦中相似的宝石，竟是一粒茶籽，已经冒出芽来。住持大为高兴，亲自培土浇水，长大成丛，用以制茶，品质特佳。住持因其来历，取名“半天鹞”。因采自半山腰，所以又名“半天腰”。半天妖能成为四大名丛之一，靠的是它幽雅细长的花香和清醇有骨的韵味。与水金龟有异曲同工之妙，可为消费者提供风格不同的岩茶产品。

从上面这些传说中，我们大致可以了解到几个事实：一、名丛在明朝前就已成为商品茶，清代时，名丛是武夷岩茶的主要代表；二、名丛均产于武夷山景区内的岩凹石壁上，一直到现在，产量也不多；三、名丛的发现、培育与制作，都跟寺庙有关。武夷寺庙的僧道们不仅在岩茶的栽培、制作方面做出贡献，同时也丰富了以儒释道思想为核心的中国茶道精神；四、名丛茶树在外形上各有明显特点，但在岩韵特征上，相互间差别似乎不是很大。我不止一次将这些名丛茶比较着冲泡品饮，除了白鸡冠之外，感觉它们若与水仙、肉桂相比较，均没有那样强烈的个性。但是若在它们之间相互比较，则很难找出它们之间的明显区别。名丛茶的香气幽细，滋味清甘，所以可以用“淡而有韵”来形容。

据姚月明先生说，在相当长一段时间里，茶客们喜欢的就是这种幽细清长的韵味。但是随着时代的变化，人们口味也产生了变化，这或许是名丛让位于肉桂、水仙的缘故吧。

11 矮脚乌龙有什么特点?

别名小叶乌龙，又称软枝乌龙。原产于北苑茶园。福建省茶叶研究所编著《茶树品种志》记："矮脚乌龙原产建瓯，分布于东峰桐林一带（包括桂林）和崇安武夷等地。无性系品种，栽培历史较长。"

建瓯市东峰镇桂林村至今尚有14亩100多年历史的老茶园。1987年，台湾大学茶学专家吴振铎教授来福建考察茶业。吴教授祖籍福安，其父一生经营茶果园，曾到建瓯东峰种过茶。吴教授小时亦曾跟父亲到过东峰茶园。看了茶园，勾起吴教授小时的记忆。1990年9月，吴教授等14位台湾茶叶界人士专程到建瓯东峰，再次考察了桂林村这片茶园后，激动地说，就是这个地方！同时认定：桂林这片百年矮脚乌龙与台湾的"青心乌龙"系同一个基因品种，由此证实，台湾的青心乌龙源于福建闽北。自此，这片矮脚乌龙老茶园受到广泛重视，每年都有大批内地及台湾茶界人士前来参观考察。2009年2月，这片宝贵的茶树林被福建省农业厅列为第一批福建省茶树优异种质资源保护区。矮脚乌龙的知名度越来越高，商业运作也随之而起，武夷山也开始引种，其产品得到越来越多人的喜爱。

矮脚乌龙产品外观条索较细小，冲泡后有一股与众不同的幽幽花香，茶汤色泽如同琥珀，韵味悠长，性价比高，为福州、闽南一带消费者所喜爱。

12 奇种有什么特点?

奇种，又叫菜茶、小茶，是茶农对武夷山有性繁殖茶树群体品种的俗称。意思是这些茶就像门前门后所种的青菜一样普通，只供日常饮用。菜茶的来源，主要是武夷山当地野生茶树，产量较低。菜茶的芽头较细，茸毛较少，适合制作乌龙茶，也可制作红茶和绿茶。

奇种属于灌木型中、小叶类，品种很杂。武夷茶史上所载的数百个茶树品种名绝大部分都是这种茶。有人曾根据其叶片形状将其分为九个不同类型：小圆叶类、瓜子叶类、长叶类、小长叶类、水仙类、阔叶类、圆叶类、苦瓜类。选择其中具有优良品质的品种，通过无性繁殖方法培育成功的茶树，就成为名丛。

虽说奇种树型叶片外观上有许多不同，但用采摘下的武夷“奇种”青叶制成的成品，基本品质差别并不大。无非是有的香气浓郁一些，有的滋味醇厚一些。但是仔细辨尝，典型的奇种似有一些细锐的野味。虽说其中有少数品种内质不错，香气也各有特征，有一些接近名丛风格的典型奇种，如白瑞香、雀舌、北斗、金锁匙、百岁香等，但与肉桂、水仙相比，总体上来说略逊一筹。曾有不少人问，岩茶那么多品种，它们之间有什么特征区别？平心而论，我虽品赏过数十种奇种，但除了在岩韵强弱上有所感觉外，实在无法分清它们之间的差别。为此我也请教过武夷山的一些资深茶人，回答是，除了亲手栽培制作的，他们也很难分清，不易说对。作为茶客，对于这些奇种茶，何必管它叫什么，只要会辨识它们的质量好坏、感觉它们的岩韵便好。

为了规范武夷岩茶市场，政府进行了规范管理，于2004年对武夷岩茶的品名与质量标准做出强制性执行规定。从此结束了奇种茶名称千奇百怪的状况。

奇种

13 武夷山自然保护区产茶吗？

武夷山自然保护区距武夷山旅游风景区约30公里，主峰黄岗山是闽赣两省界山，最高点2160.8米，因山顶生满萱草（俗称黄花菜），八九月开花时节，山岗遍染金色，故名。1979年，国家将其列为武夷山自然保护区，2002年经国务院批准晋升为国家级自然保护区，2004年加入“中国人与生物圈”计划。

黄岗山地势高低悬殊，在面积556.7平方公里的小范围内，最低海拔300米，最高海拔2160.8米，形成10公里长的垂直带谱。山体陡峭，坡度一般在30度–40度，最陡为75度–80度，相差极为悬殊，河流侵蚀切割强烈，深度可达500米以上。

山脚是常绿阔叶林带以及零散的毛竹林带，山顶缓坡是禾草为主的中山草甸带。东西长约2公里，南北长约10公里，犹如铺地连天的绿地毯。中间有少量的黄山松、薄毛豆梨、波缘红果树等矮树灌木，类似加工的盆栽，景观奇特。

黄岗山主峰由于海拔太高，不适合茶树生长。但在自然保护区海拔1200米左右的武夷山市所属的桐木村，是传统的正山小种红茶发源地和产区。

黄岗山自然保护区不仅出产正山小种红茶，还生产少量乌龙茶，以老丛水仙品质为佳。

虽说没有正岩茶的韵味，但也别具风格。除此外，近年来还生产一种结合红茶和乌龙茶工艺的“金骏眉”和“赤甘”茶。

由于黄岗山属于自然保护区，茶山面积控制很严，茶叶产量不多，因此弥足珍贵。

14 武夷山有哪些外地引进良种?

梅占

武夷山的茶树品种，除了本地原生种之外，还有一部分外地引进的优良品种。这些品种均为国家审定高香型良种。在武夷山的特殊环境中，它们不但保持了原来的性状，还有一些特别的表现，同样受到许多消费者欢迎。下面选择几种常见的做简要介绍。

梅占

又名大叶梅占、高脚乌龙。原产于安溪芦田。适应性强，产量较高，在不同产地能适应制各种茶类。制乌龙茶有明显的兰花香，品质较佳。

其由来有两种传说：一种是，清道光元年（1821）前后，芦田有一株茶树，树高叶长，但不知其名。有一天，西坪尧阳王氏前往芦田拜祖，芦田人特意考问王氏那株茶叫何名？王氏不知，一时答不上来，抬头偶见门上有“梅占百花魁”联句，遂巧取“梅占”为其茶名。

另一种是，清嘉庆十五年（1810）前后，安溪三洋杨姓农民在百丈坪田里干活，有位挑茶苗的老人路过此地，向杨讨饭，杨热情款待，老人遂以三株茶苗相送。杨把它种在“玉树厝”旁，精心培育，长得十分茂盛。采制成茶，香气浓郁，滋味醇厚，甘香可口。消息一传开，大家争相品评，甚为赞赏。村里有个举人根据该茶开花似腊梅的特征，将其命名为梅占。此后三村五里广植扩种，就逐渐驰名各地。

奇兰

有白芽和青芽两种，还有竹叶奇兰、金面奇兰等。

奇兰原产于闽南地区的漳州平和县。相传明成化年间，开漳圣王

● 国家审定的香型良种有：梅占、奇兰、佛手、金观音、黄观音、瑞香、丹桂、九龙袍、金牡丹、黄玫瑰、春兰、春闺、黄奇等，不一而足。

陈元光第二十八代嫡孙陈元和在福建平和县境内发现一株茶树，因芽梢呈白绿色,带有兰花香气,故名“白芽奇兰”。而实际上，该茶系平和县农业局茶叶站和崎岭乡彭溪茶场于 1981–1995 年从当地群体中采用单株育种法育成。20 世纪 90 年代闽北茶区开始引种，迄今已有较大面积栽培。奇兰的香气浓郁，穿透力强，用闽南工艺制作的成品香气浓郁，茶汤较薄。用闽北工艺制成的成品，香气依然，茶汤则较为醇厚。其香气与肉桂相比，力度略差，香型不够清雅。虽说如此，仍然有许多人喜欢奇兰的那股香气。

佛手

又名雪梨、大白。叶特大，像梨树叶。佛手茶树的品种有红芽佛

佛手

手与绿芽佛手两种，以红芽为佳。

永春佛手始于北宋。相传安溪县骑虎岩寺一和尚，把茶树的枝条嫁接在佛手柑上，经过精心培植，长出的茶树叶片和佛手柑的叶子极为相似，以其叶制出的干毛茶冲泡后散发出如佛手柑所特有的奇香。和尚将其法传授给永春县狮峰岩寺的师弟，附近的茶农竞相引种至今。武夷山于20世纪从永春引种后，亦有一定面积栽培。品质表现亦不俗。

金观音

又名茗科1号，福建省农科院茶叶研究所从铁观音与黄（棪）人工杂交的后代中选育而成的无性系新品种。

它属于高香型品种，适合制乌龙茶、红茶、绿茶，制优率特高。

其他常见的国家审定高香型良种有：黄观音、瑞香、丹桂、九龙袍、金牡丹、黄玫瑰、春兰、春闺、黄奇等，不一而足。

金观音

15 陈年岩茶究竟好不好？

所谓“陈年岩茶”，一般指陈放超过三年以上的武夷岩茶。两年保质期内的陈茶，只能称为“隔年陈”。

一般来说，传统制法的岩茶刚焙好时，因为火功未退，如果马上就品饮，一来火功香压住了花果香，二来有相当一部分人饮了之后容易上火。早年我常在五六月份到武夷山寻茶，品饮了当年新茶后，很快上火，两眼发红，口干舌燥。所以，后来我就把茶陈放到第二三年再饮。此时火气已退，岩韵尽显，香味亦佳。所以，严格说来，“隔年陈”不算陈茶。

真正的陈茶，至少需陈放三年以上。此时原先的花果香基本消失，但泡出的茶汤，一般都较新茶更为醇厚甘滑，十年以上的甚至有一股类似中药的气味。这是因为经过岁月的洗礼——实际上就是缓慢氧化的过程，新茶中易挥发的挥发了，易变化的变化了，沉淀下的多为比较稳定的精华，这才使陈茶汤有如此厚实的内涵。

说到武夷岩茶的陈味，人们往往会联想到普洱或黑茶的味道，因为普洱茶和黑茶是以“陈”取胜的茶类。许多人喜欢普洱茶或黑茶，是因为普洱或黑茶一般要经过一定时间的陈化，才能化出特别的陈味。普洱茶或黑茶的陈味，是后发酵的陈化味，与陈年武夷岩茶有较大区别。据武夷山老茶人们说，陈年岩茶以传统重发酵高火功工艺制作后陈放的为佳，甚至有“十焙值黄金”之说。但目前市场上所能见到的陈

陈茶汤

● 所谓“陈年岩茶”，一般指陈放超过三年以上的武夷岩茶。两年保质期内的陈茶，只能称为“隔年陈”。

清末金凤岩茶

年岩茶，其实有两类。一类是陈放之后每年用低温火复焙一下，焙的次数多了外观就开始发黑如炭，有的甚至焙得将近炭化了。这类陈茶，往往滋味厚实甚至有甘甜感，但有

老包装铁罗汉

一股浓烈的炭烤味。另一类则是自然陈化后未经复焙，或者只是轻轻过火一下的陈茶。这类陈茶，多为原先档次较高的茶，较为难得。如果保存得好，一般会有一股好闻的类似老木头甚至檀香的味道，也有的会散发出浓厚的中药味，茶汤滋味格外醇滑，有一种特别的沉香凝韵。

虽然如此，并非凡是陈茶就好，更不是越陈越好。以我的经验，最佳的陈茶是自然存放 10 年到 20 年之间的。因为 10 年以内的岩茶，茶性还未稳定，冲泡时常出现一股微酸的滋味；而 20 年以上，变化又太大，茶汤虽醇却无味，失去了岩茶的原有韵味。我曾品赏过 50 年，甚至 90 年的陈茶，情况确实如此。但与一般陈茶相比，似乎调理肠胃的功能特别强，凡品过年久老茶的人都说，喝完这茶之后肚子特别畅通。

这样看来，不管哪类陈年岩茶，只要是好茶，又陈得恰到好处，一定能品味出凝聚于其中的沧桑变幻，悟出一些人生真谛来。

16 为什么武夷岩茶产品名称特别多？

到过武夷山考察茶叶市场的消费者们都会发现一个奇特的现象：武夷岩茶产品的名称非常多。其他地方的茶叶产品则没有这种情况。比如龙井茶，最多就是在产品名前冠以产地，比如浙江龙井、狮峰龙井；碧螺春最多也就是在前面冠以西山，或东山；白茶则只分福安白茶和政和白茶两种；普洱茶的情况稍为复杂一些，但也没有武夷岩茶那么多名称。

武夷岩茶的名称多，主要有三方面原因。

一是武夷山的自然环境形成品种变异现象。武夷山属丹霞地貌，到处奇峰怪石。从大范围来说，仅在风景区就有“九坑十八涧”。而就具体茶树生长的环境来说，又有各自特殊的小环境。有的是一片光溜溜的大悬崖；有的是杂树生花的小山坡；有的是终年云雾的长峡谷；有的是涧泉浸润的烂砾壤。即使原先同一品种的茶树，由于小环境的差异，品种也会产生变异。比如，同一片悬岩上，由于海拔垂直变化较大，顶部、中部、底部的光照、湿度、土壤、植被不同，所生长的茶树就很容易产生变异，形成“一岩一茶”的奇特状况。

二是茶商们争相斗奇、互造珍秘的结果。武夷山的茶名，宋元时并不复杂，数种而已，且比较朴实，无非是龙团、石乳、蜡面、粟粒之类。明以后则日渐增多，同时也变得花俏起来，紫笋、灵芽、仙萼、白露、雨前，等等。到了清朝，则大为泛滥，雪梅、红梅、小杨梅、素心兰、白桃仁、过山龙、白龙、吊金钟、老君眉、瓜子金等等，五

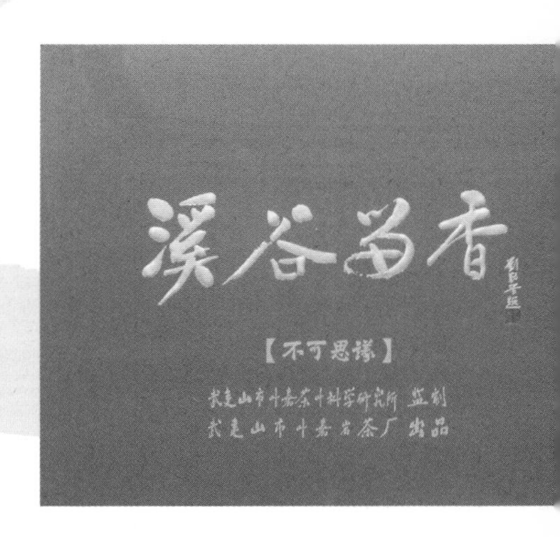

花八门。到民国，更是数不胜数。据有关资料记载，仅慧岩一岩，就有茶叶产品名称 800 余种。除了茶树名称，还有一些茶主为了吸引顾客，在包装时也竟取花名。一般是将自己制作的产品，另外加一个或雅或俗的名称，武夷山目前已登记注册的企业有几千家，若一半的企业各取一个名，就 1000 多个名称。我曾见到前两年网上流行 500 克单价 3 万元以上的高档产品名称，其中一部分产品是我所知的茶企生产，而大部分是这几年新办的茶企所生产。当时我就怀疑，武夷山正岩茶还是那么多面积产量，一流制茶师还是那么几个人，怎么一夜间出现了那么多稀奇古怪的新产品？

三是近年来炒作茶叶原料产地的结果。这类产品大多在名称前面冠以正岩区地名，比如“牛肉”（牛栏坑肉桂）、“马肉”（马头岩肉桂）之类。发展至此，茶叶产品名称与茶树品种名称已经完全是两码事了。

武夷山茶叶名称增多变杂的历史，其实就是武夷茶商品化的历史。宋元时，武夷茶是贡茶，茶主是官府，独此一家，别无分店。尽管当时有“茶贵如金”的说法，但茶主没有必要动脑筋去取那么多花名。茶农更是不胜重负，巴不得将茶树统统砍光。事实上武夷御茶园历史上确实多次出现抛荒现象。直到明清以后，御茶园停办，茶园分属各个寺庙和茶商，武夷茶开始走上商业化之路，这才慢慢恢复元气，呈现兴旺景象。为了吸引顾客，提高价值，以示不同，茶主们便纷纷开始在茶名上打主意。久而久之，便使武夷茶产品名称出现这种争奇斗艳、眼花缭乱的局面。

17 为什么常在岩茶产品名称前冠以产地名？

近年来，在武夷山和外地的茶叶市场上，经常看到前面冠以产地名称的武夷岩茶，比如，在大红袍、肉桂、水仙前面加注“正岩”，还有牛栏坑肉桂（简称“牛肉”）、马头岩肉桂（简称“马肉”）、猫儿石肉桂（简称“猫肉”）、九龙窠大红袍、鬼洞水仙、坑涧（三坑两涧）岩茶、吴三地水仙，等等。

其实，早些年武夷岩茶还没有红火起来的时候，产品名称是不加产地的，仅仅是根据武夷岩茶的国家感官评审标准，确定这款茶是特级、一级以至二级、三级、四级等等。直到现在，一些规范的茶企业，仍然按照传统标准注明产品等级，一般是特级或一级的才会注明，二级以下的就不标注了。这样做，首先是对消费者负责，让消费者在购茶时买得清楚，看得明白；其次，是对企业的产品质量有自信。武夷岩茶虽然讲究原产地的特点，一般来说好的山场能够为产品提供好的原料，但有了好的山场原料，还要有好的制作技艺，才能把原料优势发挥到极致。

我曾花费十多年时间跟踪武夷山几家茶企以及制茶师的产品，发现一个非常有趣的现象——规范性茶企的创办人，基本都是大、中专茶校科班出身。他们从名不见经传的小茶企做起，不断地总结制作经验，提升工艺水平，经过十多年的努力，企业不断发展，产品质量稳定，个人也成长为武夷山顶级的制茶师。他们的产品除了标明注册商标，基本没有标注山场产地，然而却在社会上和消费者中间享有很高的信誉。

另一方面，那些专业理论知识

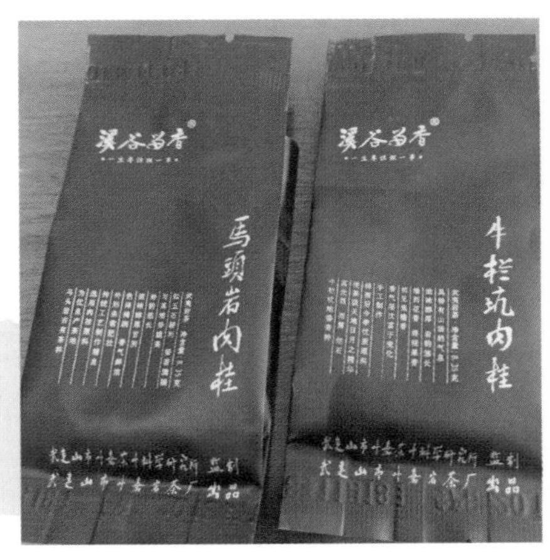

马头岩肉桂、牛栏坑肉桂

● 作为武夷岩茶的爱好者，面对冠有产品原料、产地名称的产品时一定要保持理性，确保能够买到真正的好岩茶。

不足的茶企和制茶师，哪怕是几代制茶传承的，在制作工艺上总是有这样那样的不足。我也曾跟踪天心村一家两代制茶的茶农，应该说，他们茶叶山场基本都在传统的正岩区，所制产品质量也比较地道，然而与那些一流茶师相比，就是略逊一筹，始终没法做出让人惊叹的高档产品。

由此可见，除了山场因素外，制作工艺因素也十分重要。有好的山场没有好的工艺，也无法做出好的产品。相反的，如果山场差一些，工艺水平高，照样也能做出好茶来。而在武夷山，真正规范性企业和顶级制茶师并不多，大部分都是近几年新办的茶企，有些甚至只是外地经销商在武夷山挂个名而已。或许受限于这个因素，许多茶企和经销商便纷纷在产品前面加上产地名，以此证明他们的产品山场原料好。而相当一部分的消费者，由于不了解实际情况，又受到一些导游和经销商的误导，片面认为只要有好山场，茶叶一定地道，一定好。

所以，作为武夷岩茶的爱好者，面对冠有产品原料、产地名称的产品时一定要保持理性，确保能够买到真正的好岩茶。

鬼洞肉桂

历史与环境

1. 武夷岩茶、武夷茶、建茶有什么联系与区别？

2. 武夷山茶起源于什么时候？

3. 武夷山产的乌龙茶为何被命名为武夷岩茶？

4. 武夷岩茶是怎样传到西方国家的？

5. 为什么说武夷山是万里茶路第一站？

……

01 武夷岩茶、武夷茶、建茶有什么联系与区别?

在阅读古代茶诗文时，经常见到“武夷茶”“建茶”的说法，如“武夷溪边粟粒芽，前丁后蔡相笼加”，“建溪官茶天下绝，香味欲全须小雪”，“武夷高处是蓬莱，采取灵芽手自栽”等等。以“建茶”为题的诗词比比皆是。“武夷岩茶”这一名称反而出现得很少，这是怎么回事?

武夷茶，泛指目前包括武夷山市在内，整个闽北地区 10 个县市所产的各种茶。其中既有乌龙茶，也有红茶，还有绿茶。

建茶，是古代的闽北茶概念。现在的闽北地区，最早为汉末吴国设置的“建安县”，唐时改为“建州府”，宋代则又改称“建安郡”。境内的主要河流称“建溪”。而今天的武夷山市，那时称为崇安县，只是建州府下辖的一个县。此后，虽然建州府辖属地和地名屡有变化，但前面一直都有一个建字，因此，

武夷君、神农氏、彭祖（从左至右）

尽管武夷岩茶出现得较迟，但与宋元时期的北苑茶文化一脉相承，而且保留了许多当年的制法，特别是在焙火方面，至今所用手工炭焙的工具与方法仍与北苑茶一致。

这个地区所产的茶，一概称为“建茶”，或者称为“建溪茶”。因为武夷山在建州府境内，有时也会称为“武夷茶”。

由此可见，在那时人们的心目中，武夷茶与建茶，基本上是一个概念。当然，也有单指武夷山所产茶的。

武夷岩茶，特指产于武夷山市境内的乌龙茶。乌龙茶出现于明中叶时期，之前虽然出茶，但其与武夷茶、建茶并无区别。尤其是宋元时期，武夷山所产茶属于是唯一的官方御茶园，也就是北苑茶园。当时乌龙茶的生产制作均与北苑茶园一致，都是皇家专用，乃名为“龙凤团茶”的蒸青小茶饼。明初朝廷罢武夷山御茶园后，相当一段时间武夷山生产一种名为松萝茶的绿茶，一直到乌龙茶出现。因为武夷山所产乌龙茶品质优异，有特别的岩韵，所以将其称为武夷岩茶。

由此可见，尽管武夷岩茶出现得较迟，但与宋元时期的北苑茶文化一脉相承，而且保留了许多当年的制法，特别是在焙火方面，至今所用手工炭焙的工具与方法仍与北苑茶一致。

建瓯北苑凿字岩石刻

02 武夷山茶起源于什么时候？

关于武夷山茶的文字记载，最早的要数汉代的《神农本草经》。“神农尝百草，日遇七十二毒，得荼而解之。”“荼”是古代的“茶”字。神农氏即炎帝，是5000多年前南方华夏诸族的大首领。据有关史籍记载，以及数年前出土的五千年前的武夷悬棺及随葬物品来看，当时的武夷山就有土著部落居住，有一位称为武夷君的部落酋长深受南方楚越文化的影响。由此可见，神农氏发明的解毒之荼，一定也很快传到了武夷山。而在地方志记录中，也有关于山中老人给当时的酋长武夷君献茶的故事。

不过，那时的茶是一种野生茶，也不叫岩茶。这种野生茶，便是后来武夷茶农称之为“奇种”的最早母本。

03 武夷山产的乌龙茶为何被命名为武夷岩茶？

乌龙茶又称青茶，早期武夷山所产乌龙茶，大多在风景区岩壁上，滋味醇酽，有一种特别的韵味，所以就有人将它称为“武夷岩茶”。但因为其产量较少，消费群体限于福建、广东一带，所以又将其列为“特种茶”。

关于武夷岩茶的发明，民间有许多传说。但具体时间与发明人均不可考。

最早有关武夷岩茶的文字记录，是清初僧人释超全（1627–1712）的《武夷茶歌》和《安溪茶歌》。虽然没有详细的制作过程，但已可以看出与以往制法大不同的“先炒后焙”的“近时制法”了。释超全是由明入清的，诗中所记岩茶制法已经相当成熟。据此推测，这种“先炒后焙”茶叶的发明时间应在更早。而更加明确详细的岩茶制法记录，则是迟于释超全几十年的崇安县令陆廷灿。陆于1717年任崇安县令，其后根据其在任上的考察研究，写出《续茶经》一书。该书众采博引，内容丰富，尤其是对武夷山茶有相当详细的记载。

清代才子袁枚有过一段更具体的记载：

这段文字明显就是说武夷岩茶了。但是，袁枚为什么要说“以武

“余向不喜武夷茶，嫌其浓苦如饮药。然，丙午秋，余游武夷，到幔亭峰、天游寺诸处，僧道争以茶献。杯小如胡桃，壶小如香橼，每斟再试其味，徐徐咀嚼而体贴之，果然清芬扑鼻，舌有余甘。一杯之后，再试一二杯，令人释躁平疴、怡情悦性，始觉龙井虽清而味薄矣；阳羡虽佳而韵逊矣。颇有玉与水晶品格不同之故。故武夷享天下盛名，真乃不忝。且可瀹至三次，而其味犹未尽。尝尽天下名茶，以武夷山顶所生，冲开白色者为第一。”

● 乌龙茶又称青茶，早期武夷山所产乌龙茶，大多在风景区岩壁上，滋味醇酽，有一种特别的韵味，所以就有人将它称为“武夷岩茶”。

夷山顶所生，冲开色白者为第一”？宋代龙凤团茶以茶汤色白为上，武夷岩茶冲开后茶汤一般都有颜色，最浅的也是淡黄色。仔细考究，原来袁枚所指的茶汤色白，是指颜色很浅。武夷山方言中，说“茶汤色白”，意思就是颜色很浅，而生于武夷山顶的茶树品种多为喜阳的肉桂之类，可见当时在制作岩茶时，为了突出岩茶的花果香，往往用低发酵浅焙火的清香型工艺制作。

明确将武夷山乌龙茶称为武夷岩茶的，是民国时的茶业专家林馥泉，他在《武夷茶叶之生产制造与运销》一文中，用了主要篇幅写武夷岩茶，并提出岩茶审评中的“岩骨花香”特征。

04 武夷岩茶是怎样传到西方国家的?

武夷山茶开始对外传播，最早始于唐宋时期，率先引种建溪茶的是日本。但真正较大规模对外传播则始于明代中叶。其时国家实行门户开放政策，朝廷派郑和七下西洋，船队中均带有武夷茶。于是武夷山茶就随着船队的航程，逐渐为世界所认识并且传播到了西方国家。

早期传播到西方的茶中，最主要的种类是武夷山产的红茶。1596年，荷兰人在爪哇和不丹建立东洋贸易据点，1610年，他们首次购到由厦门运去的武夷红茶，并将此茶辗转送到欧洲。由于当时运输困难，欧洲茶叶价格极为昂贵，只有皇室和贵族阶级才能享用。正是在这一背景下，英国通过东印度公司从中国大量进口茶叶。由于当时厦门是主要的外贸港口，因此这种出口茶的名称，开初时与厦门方言中的“茶”(tie)的读音相似，又因干茶外观色泽乌黑，便称为“Bloktea”，随而后正式用英语称其为“Bohea”，“Bohea”的译义就是中国红茶。武夷茶因此成为中国茶的代称。

武夷山茶传到欧美后，对这些国家的发展产生了重大影响。正山小种红茶传到英国后，受到英国女王的极力推崇，成为上层的时尚饮料，并因此发展出了著名的英伦下午茶文化。而在美国，则因为武夷茶的贸易而发生波士顿港倾茶事件，从而引发了统一美国的南北战争。

以山西常家为首的晋商则开辟了将武夷山茶北上引进俄罗斯的陆上路线，中国茶成为俄罗斯人喜欢的东方饮料。尽管后来俄罗斯进口的茶叶已不止武夷山所产，但他们还是沿袭早期习惯将中国来的茶统称为“武夷茶”。

清·钱慧安《烹茶洗砚图》

05 为什么说武夷山是万里茶路第一站?

明代中期，朝廷实行门户开放政策，郑和七下西洋让西方世界认识到了武夷茶。1638 年，俄罗斯驻蒙古公使将武夷茶带进俄国，但并没有献给沙皇，而是先在贵族阶层流传。

到 1698 年，中俄签订《尼布楚条约》时，俄罗斯人已经爱上了中国茶。于是有无数的中俄商队经过蒙古高原将茶叶源源不断地运进俄罗斯。

开创陆上茶路的，首推晋商常氏。清乾隆年间（1736–1795），远在北方的晋商常氏嗅到了武夷茶的商机，于是数千里之外运筹帷幄，迅速掌握了武夷山茶产地的生产、销售信息，把经营茶叶的触角探往崇安县（今武夷山市）茶市。从此，开创了“南茶北销”的历程。据《崇安县志》载：

“清初茶业均系西客经营，由江西转河南运销关外。西客者山西人也。每家资本约二三十万至百万。货物往返络绎不绝，首春客至，由行东（注：武夷山一带经营茶叶的业主）赴河口（今江西铅山县）欢迎。到地将款及所购茶单，点交行东，恣所为不问，茶事毕，始结算别去。”

● 从武夷山出发，至库仑、恰克图的商路，从武夷山的星溪镇码头起步，至中俄边界贸易城恰克图，全长5000多公里，被商界称为“万里茶路”。

山西茶商常万达的大德玉号是中俄边界贸易城恰克图联合经营武夷茶的一大商号。当时武夷山的主要码头有两个，星村与赤石。往北方的茶集中到星村，一般雇挑夫翻过杉木关，集中到河口，再往北方运。往南往返福州的茶集中到赤石，换大船走水路。陆路到达山西后，常氏将从武夷山采购得到的茶叶重新计量、打包，再换成适合北方畜力运送的马帮驮运，经洛阳，过黄河，越太行，经晋城、长治，出祁县子洪口，于鲁村换畜力大车北上。经太原、大同，至张家口、归化，再换数百峰骆驼为运力，至库仑、恰克图。

该商路从武夷山的星溪镇码头起步，至中俄边界贸易城恰克图，全长5000多公里，被商界称为“万里茶路”。

事实上，通往欧洲的陆上茶路除了这一条，还有另一条沿着古老丝绸之路——穿过河西走廊，通过玉门关和阳关，抵达新疆，沿绿洲和帕米尔高原通过中亚、西亚和北非，最终抵达非洲和欧洲。

在武夷茶对外贸易活动中，下梅茶商邹茂章可谓当时本土商人的一个典型代表。

清咸丰年间，太平军侵扰江南，晋商与下梅邹氏经营茶叶生意受阻。五口通商后，晋商在武夷山收购岩茶业务由下梅邹氏、潮州、广州三帮联合采办。下梅邹氏茶商抓住机遇求得发展，与华人大洋商伍秉鉴结成贸易伙伴，将大量茶叶销售到广州十三行。下梅邹氏因此而富甲一方，在下梅盖了许多豪宅。因此又有人把下梅称为“万里茶路第一站”。

06 什么是正岩的岩茶？

要弄清这个问题，必须先了解什么是正岩。

武夷山的岩茶产区，传统习惯上是以旅游风景区为核心，分为正岩、半岩、洲茶三个区域。

正岩茶区，主要包括三坑两涧（牛栏坑、慧苑坑、倒水坑、悟源涧、流香涧），以及周边的天心岩、马头岩、竹窠、九龙窠、三仰峰、水帘洞等。正岩产区，多陡崖峭壁，土壤有含砂砾量较多，达24.83% ~ 29.47%，孔隙度50%左右，透水性极佳，是典型的出产上等茶的“烂石”坡地。且冬冷夏暖，雨量丰富，谷底细流潺潺，周围树木茂盛，植被条件好。独特的山场环境形成独特的茶树品质，武夷岩茶的高档产品，特别是水仙、肉桂、大红袍，基本出自此。

大红袍——岩上

半岩产区分布在青狮岩、碧石岩、燕子窠等，这些地方也有产水仙、肉桂、大红袍。虽说品质不及正岩茶，但半岩茶胜在它的产量比正岩茶高，只要工艺到位，品质也不错，只是韵味比正岩区稍弱。

洲茶指的是旅游风景区周边溪流两边平地上生长的茶树。这些地区因为多为沙质土壤，地势平坦，空气潮湿，较为肥沃，日照时间长，茶树茂盛，亩产量高。但成品茶香高水薄，岩韵不强。

随着科技的进步和工艺的改进，武夷岩茶的整体质量有了很大提高，所以，武夷山市政府对岩茶产区进行重新划分。按国家的武夷岩茶原产地保护标准，凡是旅游风景区范围内茶园，统称为“名岩产区”，名岩区之外的则为“丹岩产区”。

● 正岩茶区，主要包括三坑两涧（牛栏坑、慧苑坑、倒水坑、悟源涧、流香涧），以及周边的天心岩、马头岩、竹窠、九龙窠、三仰峰、水帘洞等。

不过，在民间，仍然沿袭传统称呼，将名岩区茶称作“正岩茶”。

虽说正岩区的自然环境条件比较好，但也不可因此断定，凡正岩区所产的就一定就是好茶。因为影响岩茶品质的，除了环境因素外，还有气候因素与人为因素。武夷山茶人经常说岩茶要“靠天吃饭”，如果制茶时雨水过多，会极大地影响茶的质量。进入制作程序后，茶师的工艺水平、心理状况，也会直接影响茶的质量。说正岩茶质量特别好，是就同样气候、同样工艺水平的情况下比较而言。由于正岩区面积范围小，单位面积产量低，相对的总量也少，而喜欢正岩茶的消费者又多，常常供不应求，出现“一茶难求”，甚至“天价茶”现象，所以许多消费者退而求其次，购买性价比好的半岩茶、洲茶或者正岩区以外的外山茶，这也不失为明智之举。

07 外山岩茶质量如何？

所谓外山岩茶，一般指武夷山市旅游风景核心区之外茶山所产的岩茶。但若从大武夷茶的角度来看，凡景区之外的闽北所有茶园山场之茶，都称为外山茶。

有些消费者认为，既然最好的武夷岩茶都产于风景核心区，外山所产茶还有好的吗？

事实并非如此。岩茶的品质固然与自然环境有关系，但还需其他因素配合，如茶青质量、天气变化、制作工艺等，缺一不可。即使是自然环境，在武夷山市，除了风景核心区之外，仍然有许多宜茶之地，若各方面因素配合得好，也能生产出有韵味的优质岩茶。况且，风景核心区的范围就那么大，为了保护自然环境，绝不允许开垦新茶园。每年所产正岩茶数量非常有限，根本无法满足市场需求且价格高昂。从性价比角度来说，选择外山茶，不失为明智之举。

早些年，我在武夷山寻茶，也曾遇到过不少好的外山岩茶。曹墩村所处位置并不在风景区内，但我在溪村发现不少品质优异的岩茶。与曹墩茶农聊起为何他们的茶也很受顾客欢迎，他们很自豪地说，我们知道曹墩村的自然环境不如风景区，我们在制作上特别用心，所以我们的茶一样受顾客欢迎。类似的情况，我在吴三地村和井水村也都遇到过。吴三地的老丛水仙，因为品质优良，韵味独特，在市场上一直很红火。

至于武夷山市周边县市的外山茶，也有品质很好的。例如距武夷山 100 公里的建瓯市，那里生产的水仙茶和矮脚乌龙，性价比也相当不错。

所以我认为，茶园自然环境好只是为好茶提供了基础，只有各方面因素都满足了要求，才能制出真正的好茶。武夷岩茶的岩韵是一种美，但并不是说没有岩韵就不美了，事实上各类茶都有各自的特点与美，关键在于品茶者是否具有审美的眼光。

08 武夷岩茶生长的自然环境有什么特点?

武夷山的人们常喜欢说，武夷山是大自然赐给人类的一块风水宝地。这块宝地的最大特征就是“碧水丹山”。而最典型的地方就是旅游风景区那七十多平方公里的山山水水。

从地理学上说，武夷山属于丹霞地貌。

武夷山地表呈现褚红色，这是因为岩石中铁元素长年累月氧化的结果。武夷山的岩石，主要是石英斑岩、砾岩、红砂岩、页岩、凝灰岩等几种。表层的土壤则是富含腐殖质的酸性红壤。这种土壤，正如古人所说的“上者生烂石，中者生砾壤，下者生黄土”，非常适合茶树生长。

然而，仅有这种地表土壤还是不够的。世界上许多地方都有丹霞地貌，整个大武夷山脉也都属于丹霞地貌。尽管也都能生长茶树，但是在品质上总是稍逊一筹，总缺少一点 “正岩”地区所产茶的韵味。事实上，正岩茶之所以品质特别优异，还有其特别的地方。

除了地形表土外，经纬度、海拔、气候也是重要因素。武夷山旅游风景区处于北纬 27° 43'，东经

● 武夷山是大自然赐给人类的一块风水宝地。这块宝地的最大特征就是“碧水丹山”。而最典型的地方就是旅游风景区那七十多平方公里的山山水水。

118° 01'。平均海拔600多米，最高的三仰峰729米，属于中海拔地区。一般来说，我国的名优茶，特别是乌龙茶，几乎都产于这种海拔地区。此处气候属于中亚热带海洋性气候，四季分明，无霜期长，年平均温度在18℃-18.5℃之间。雨量充沛，年降水量在2000毫升左右。云雾易聚难散，空气湿度特别大，年平均湿度在80%左右。正如俗话说“风雨难预料，隔山不同天”，特别是在春、夏时，说不定什么时候什么地方就下一场暴雨，噼噼啪啪地打在石壁上。

这只是一般的自然环境条件。事实上，岩茶的生长还另有各自的特殊小环境。深入茶园考察，就会发现，几乎所有的茶树都种在坡崖中石块垒起的梯台上，或者狭长的峡谷间。茶树的周围，一般都是悬崖峭壁，或者杂树野草，形成一种既有阳光，又不至于直接照射的环境。这就是专业上所谓的“漫射光”。漫射光避免了紫外线直照，对形成岩茶的特殊品质至关重要。

旅游风景区的植被也非常特别。因为岩石多，土层薄，高大树木很少，多为矮小乔木和灌木丛，其中有许多桂花和杜鹃；而在岩壁和溪涧边，则有许多野生四季兰和菖蒲。这样，一年四季，空气中始终弥漫着一股清新的花香，对岩茶的香型产生一定影响。

这种小环境，为茶树提供了特别的生长条件。就它们的共同品质来说，一般都会超过其他地方种植的同样品种。

武夷山茶产区风光

09 “马头岩”与“三坑两涧”在哪里?

“三坑两涧”指的是:慧苑坑、牛栏坑、倒水坑、流香涧和悟源涧。

“三坑两涧”的岩谷之间,植被状态和遮阴条件较好,谷底有甘泉细流,夏季日照时间短,昼夜温差大;冬季岩谷有西北风,气温变化显著。岩谷夹缝间的茶园土壤均为风化岩石,通透性好,富含丰富微量元素,酸度适中。

牛栏坑,原为通往天心岩的重要通道。1993 年,修通马子坑到天心岩的公路后,这里行人渐少。涧谷南侧为杜辖岩北壁,有“虎”“寿”等摩崖石刻。

慧苑坑,在牛栏坑的北侧平行线上。内鬼洞、外鬼洞和竹窠分布在它的两侧。传说中的“八百名丛”便出自这里,目前仍有铁罗汉、白鸡冠、白牡丹、醉海棠、白瑞香、正太阴、正太阳、不见天等珍稀名丛。坑内的水仙以高丛居多,古井老丛香水俱佳,霸气不让优质肉桂。

倒水坑,武夷山风景区最长的一条山涧,位于天心岩北麓。它从章堂岩飞身而下,由西向东沿途汇合了流香涧、流云涧和水帘洞之水,然后绕出霞滨岩,至鸡林与黄龙溪会合,出赤石直奔崇溪,全长十几里。

流香涧,在天心岩西面。山北诸涧,皆自西而东,独流香涧反道西行,故又称“倒水坑”。涧边岩壁夹峙,悬崖峭拔,常年阴潮,非

● “三坑两涧”指的是：慧苑坑、牛栏坑、倒水坑、流香涧和悟源涧。“三坑两涧”与“马头岩”基本上覆盖了武夷山旅游风景区核心区，出产的岩茶岩韵最显，品质最优异。

正午不见日月。涧边多生山兰石蒲，幽香沁人。明朝诗人徐火通游历此地，将此涧改名为“流香涧”。

悟源涧，从武夷山九曲景区最高峰三仰峰流出的诸多小溪流，汇集到马头岩区域，形成悟源涧源头。涧水流到山脚的兰汤村，最后汇入九曲溪。

马头岩，因岩石形似马头而得名。旁有垒石岩，像五匹奔驰的骏马，又叫“五马奔槽”。东起大王峰，西至三仰峰，南起天游峰，北至大红袍景区（九龙窠）。东可穿马子坑至游览干线或可至武夷宫、兰汤。马头岩区域内的土壤含砂砾量较多，土层较厚，通气性好，有利于排水，且岩谷陡崖，岩岗上开阔，夏季日照适中。谷底渗水细流，周围植被较好。因为面积较广，大致分成三花峰、桃树窠、猫耳石、云峰等为主的小区域。它们之间既有地理共性特点，又因位置、土壤的差异性而各具特色。

“三坑两涧”与“马头岩”基本上覆盖了武夷山旅游风景区核心区，出产的岩茶岩韵最显，品质最优异，所以许多茶企为突出自然环境优势，纷纷以“三坑两涧”和“马头岩”为招牌。

10 什么是武夷山禅茶节?

中国武夷山（大红袍）国际禅茶文化节是武夷山海峡两岸茶博会期间举办的一项重要活动。活动以“缘结武夷茶和天下”为主题，以禅茶为载体，邀请了两岸三地高僧大德及文化界、茶学界、企业界和政界嘉宾共襄盛举，吸引了众多信众参加。2009年，武夷山市首次举办“禅茶节”。如今“禅茶节”已成为每年的盛事，它不仅提升了武夷岩茶的品牌地位，推动了武夷山经济发展和茶旅文化的发展，而且禅茶文化所传扬的“正清和雅”思想是构建和谐社会的重要价值观，对加强国际茶文化，两岸三地交往和促进茶业界、文化界等各界交流上做出了重要贡献。禅茶节最热闹的是开幕式，有许多精彩纷呈的节目，有大陆的小沙弥禅茶表演、还有台湾的客家茶艺、原住民茶艺和中华茶艺展演。歌唱家们高歌著名佛教歌曲。台下嘉宾席里，来自国内外以及武夷山当地茶企代表在茶席间品佳茗、欣赏演出。禅茶节还有“传灯茗心”活动——来自世界各地的茶人代表将各地名茶结合在一起，经过高僧诵经加持后，再分送给每个嘉宾品饮。禅茶节期间，还会举办“禅和儒释道”文化论坛，以及两岸三地高僧大德进行“茶和天下”祭茶大典等。“禅”是汉传佛教的境界，“茶”是天地凝结的灵物。正如美国茶人吴德所说:“茶禅一味”的禅茶文化，是中国传统文化史上的一种独特现象，茶与禅是两种文化，发生接触并逐渐相互渗透、相互影响，是一个漫长的历史过程。禅的哲理往往与茶的意境相得益彰，以禅为意，以茶论道，佛法中的“八正道”“六和敬”精神、大道至简、清静无为等思想影响着茶文化，很多人也因茶而学佛，因茶而找到了心灵的寄托，因茶而悟道。

11 什么是“无我茶会”？

近年来，在武夷山海峡两岸茶博会期间经常举办一种名为“无我茶会”的茶道聚会活动，参加者席地而坐，围成一圈，自带茶叶、茶具，人人泡茶，人人敬茶，人人品茶，一味同心。在茶会中以茶传言，广为联谊，忘却自我，打成一片。

无我茶会缘起于日本茶道爱好者秀吉，传到台湾后，得到台湾陆羽茶艺中心的响应。1991 年 10 月 14 日至 20 日，由中、日、韩三国的七个单位联合在福建和香港举办了幔亭无我茶会，并因此在武夷山立了纪念碑，正面的碑文为“幔亭无我茶会记”，反面的碑文为“无我茶会之精神”。

无我茶会是一种“大家参与”的茶会。第一，无尊卑之分。茶会不设贵宾席，参加茶会者的座位由抽签决定，在中心地还在边缘地，在干燥平坦处还是潮湿低洼处均不能挑选，奉茶给谁喝，喝到谁奉的茶，

● 武夷山海峡两岸茶博会期间经常举办一种名为“无我茶会”的茶道聚会活动，参加者席地而坐，围成一圈，自带茶叶、茶具，人人泡茶，人人敬茶，人人品茶，一味同心。

事先并不知……因此，不论职业职务、性别年龄、肤色国籍，人人都有平等的待遇；第二，无“求报偿”之心。参加茶会的每个人泡的茶都是奉给左边的茶侣，自己所品之茶却来自右边茶侣，人人都为他人服务，而不求对方报偿；第三，无好恶之分。每人品尝四杯不同的茶，因为事先不约定带来什么样的茶，难免会喝到一些平日不常喝甚至自己不喜欢的茶，但每位与会者都要以客观心情来欣赏每一杯茶，从中感受到别人的长处，以更为开放的胸怀来接纳茶的多种类型；第四，时时保持精进之心。自己每泡一道茶的同时也都品一杯，每杯泡得如何，与他人泡的相比有何差别，经过对比精进自己的茶艺；第五，遵守公告约定。茶会进行时并无司仪或指挥，大家都按事先公告项目进行，养成自觉遵守约定的美德；第六，培养集体的默契。茶会进行时，均不说话，大家用心于泡茶、奉茶、品茶，时时自觉调整，约束自己，配合他人，使整个茶会快慢节奏一致，并专心欣赏音乐或聆听演唱，人人心灵相通，这样，即使是几百人参加的茶会亦能保持会场宁静、安详的气氛。

12 什么是“喊山”？

“喊山”源于宋代建州北苑茶园的祭茶神活动，元代武夷山御茶园沿袭宋俗。每年惊蛰，当地茶园与县衙官员率领茶工及四乡百姓，登临山场，顶礼膜拜，祭祀武夷山茶神。

1326年，崇安县令张瑞本在御茶园的左右侧各建一场，悬挂“茶场”大匾。1332年，建宁府总管在通仙井之畔建筑一个高五尺的高台，称为“喊山台”，山上还建造喊山寺，供奉茶神。每年惊蛰之日，诸位官员亲自登临喊山台，主持祭祀活动。先是点燃红烛，放起鞭炮，鸣金击鼓，声响如雷，然后主祭宣读祭文，祭文曰：

“惟神，默运化机，地钟和气，物产灵芽，先春特异，石乳流香，龙团佳味，贡于天下，万年无替！资尔神功，用申当祭。”

祭文读毕，茶工百姓上千人拥集台下，齐声高喊：“茶发芽！茶发芽！”喊声响彻山谷，回音不绝，通宵不停。在嘹亮的喊山声中，通

● “喊山”源于宋代建州北苑茶园的祭茶神活动，元代武夷山御茶园沿袭宋俗。每年惊蛰，当地茶园与县衙官员率领茶工及四乡百姓，登临山场，顶礼膜拜，祭祀武夷山茶神。

仙井的井水令人惊奇地慢慢上溢，这种现象在县志中记为“茶神享醴，井水上溢”，茶农因此称通仙井的井水为“呼来泉”。后来有人解释说当时已是惊蛰，地气温热，加之祭祀茶神时火熏热炙，地温增高，于是井水渐溢。但真正的原因在于，惊蛰时恰逢春雨连绵，地下水量增加，冬天几近枯竭的井水便开始升溢。

宋元时的“喊山”，主要是通过活动祈求茶神保佑一年的茶事顺利。近年来，武夷山喊山已演变为一项重大茶事活动。一般先由有关方面精心组织，事先在元代喊山台山场遍插彩旗，张挂横幅。凡参与主祭人员均身着古装，一般人员着劳作服装，并组织许多女工，皆穿彩色民俗服装。正式祭祀前载歌载舞，祭祀结束后便散开采摘春茶。祭祀活动的主要程序一如宋元时期，所不同的是场面更为壮观，项目更为丰富。这一方面表达了人们对武夷茶神的崇敬，希望茶神保佑茶事顺利。另一方面，也是作为武夷山旅游的一项极具民俗特色的活动，吸引了大批游客前来观光。

制作工艺

1. 岩茶的采摘有什么特别之处？
2. 岩茶初制阶段有哪些工艺？
3. 岩茶精制有哪些工艺？
4. 手工制作有哪些关键工序？
5. 什么是「走水」？如何走水？

……

01 岩茶的采摘有什么特别之处?

武夷岩茶在制作之前先需采摘，刚采下的嫩茶叶俗称“茶青”，茶青质量是决定茶叶品质的重要因素。

一般来说，武夷岩茶要求茶青采摘标准为新梢芽叶生育较完熟(开面三四叶)，无叶面水、无破损、新鲜、均匀一致。这也是岩茶外观条索比较粗大的原因。

茶树新梢伸育至最后一叶开张，形成驻芽后即称“开面”；新梢顶部第一叶与第二叶的比例小于1/3时即称“小开面”，介于1/3至2/3时称“中开面”，达2/3以上时称“大开面”。茶树新梢伸育两叶，即开面者，称“对夹叶”。

武夷岩茶要求的最佳采摘标准为中、小开面三叶。不同的品种略有些差异,如肉桂以中、小开面最佳，水仙以中、大开面最佳等等。每个品种的最佳适采期都较短，在同样的山场位置和栽培管理措施下，最佳适采期约为3–4天。同一品种在适采期因产量过大加工不完时则应掌握“偏嫩开采”，即在茶园内新梢近一半带芽、有一半以上开始小开面时开采，到大部分中开面，小部分大开面时全部采摘结束。采摘标准控制在一芽三四叶至中、大开面三叶，采摘期可延长到6–8天。

茶叶开采期主要由茶树品种、当年气候、山场位置、茶园管理措施和所制作茶类的鲜叶标准等因素决定，武夷岩茶现有品种的春茶采摘期，一般品种约为4月中旬至5月中旬，特早芽种在4月上旬，特迟芽种在5月下旬。采摘当天的气候对品质影响较大，需在晴至多云

● 武夷岩茶在制作之前先需采摘，刚采下的嫩茶叶俗称“茶青”，茶青质量是决定茶叶品质的重要因素。

天，露水干后采摘的茶青较好。一天中以上午 9–11 时，下午 2–5 时的茶青质量最好。因此春茶加工期宜选择晴至多云的天气采制，雨天尽量不采或少采制，这样有利于提高茶叶的总体品质。

春茶采摘完，以后每季(即夏茶、秋茶)间隔时间约为 50 天左右（采后有修剪会延长下一季的时间）。夏茶茶青质量最次，秋茶又称为白露茶，也有叫冬片，香气较好，滋味较清淡。夏、秋茶质量一般不如春茶，且采摘后会影响来年茶树生长，所以正岩区的茶树，一般一年只采一季春茶。

采摘方式有人工和机械两种方式。

人工采摘需要人员较多，成本高，管理难度大，一般用于采单芽、制作高档茶、幼龄茶园的“打顶采”和茶园分散、地形复杂、茶树长势不一致处。机械采摘省劳工、成本低、速度快、效率高，适宜大面积标准化管理的茶园使用。初次使用机采时茶青质量较差，含有大量的老梗、老叶，长短不一，因此使用机采前应先用修剪机定剪若干次，使树冠形成整齐的采摘面，连续 2–3 年后则茶青质量明显提高，机械采摘是大生产的主要采摘方式。

长期连续采用机采会使茶树芽梢多而瘦小，干茶外形变细而欠肥壮，影响成品茶的外观质量。可用人工采摘和机械采摘交替使用和留养夏秋茶来防止该缺陷。

茶青采下后应及时运达加工厂。储运时间应尽量缩短，并注意通风散热，避阳薄摊，减少搬动次数，防止青叶堆放过厚、过紧、过久而造成机械损伤和堆沃烧伤。

02 岩茶初制阶段有哪些工艺?

茶青采下之后，进入初制阶段，这一阶段主要有萎凋、做青、杀青、揉捻和烘干等五道工艺。

萎凋

萎凋是指茶青失水变软的过程。刚采下的茶青含水分较多，需先经萎凋失水。

萎凋感官标准为青叶顶端弯曲，第二叶明显下垂且叶面大部分失去光泽，大部分青叶达此标准即可。青叶原料不同，其标准也不同。

萎凋方式有日光萎凋、室内自然萎凋和加温萎凋三种方式，生产上主要采用前两种方式。加温萎凋又分综合做青机和萎凋槽萎凋两种方式。日光萎凋历时短，节省能源，萎凋效果最佳；加温萎凋历时长，不均匀，茶青损伤严重，萎凋质量较差。特别是雨水青的萎凋，有待于进一步研究改进其萎凋工艺。

萎凋（室内）

日光萎凋要求将茶青置于谷席、布垫或水筛等萎调用具上进行，特别是中午强光照时不可直接置于水泥坪上萎凋，否则极易烫伤青叶。摊叶厚度约为 1–2 厘米，太阳光强烈时宜厚些，光弱时宜薄些，萎凋全过程应翻拌 2–3 次，以达到萎凋标准为止。

室内自然萎凋是将茶青均匀摊放在室内，利用室内温度让茶青逐步失水，以达到最佳效果。

加温萎凋一般用综合做青机萎凋，近风口热风温度应控制在 37℃ –39℃为宜，手感为手触机心热而不烫。温度过高易烧伤青叶，温度过低萎凋效果差，时间会加长。每隔 10–15 分钟翻动几转，总历时无水青约为 1.5–2.5 小时，雨水青约为 3–4 小时。

看青

流水线

做青

做青工艺是形成岩茶特有的青叶外观、影响毛茶等级、决定茶叶质量高低和风格的关键工艺。全过程由摇青和静置发酵交替进行组成。

将经过萎凋的青叶置于适宜的温度、湿度等环境下，通过多次摇青使茶青叶片不断受到碰撞和互相摩擦，使叶片边缘逐渐受损，并均匀地加深受损面，经氧化发酵后产生“绿底红镶边”叶片外观。而在静置发酵的过程中，茶青内含物逐渐氧化和转化，并散发出自然的花果香，形成岩茶特有的花果香风味特点。

做青方式主要有手工做青和综合做青机两种，也有将两者结合起来的半手工做青方式和最简单的“地瓜畦”做青方式。市场上的“手工茶”即指采用手工做青方式生产的茶叶。综合做青机属于机械制作，将萎凋的青叶装进综合做青机，按吹风→摇动→静置的程序重复进行，吹风时间每次逐渐缩短，摇动和静置时间每次逐渐增长，直至做青达到成熟标准时结束做青程序。

不论何种做青方式，操作上均是摇青和静置发酵多次交替进行来完成，摇青程度先轻后重，静置时间先短后长，历时 6–12 小时，甚至更长。

● 萎凋是指茶青失水变软的过程。做青工艺是形成岩茶特有的青叶外观、影响毛茶等级、决定茶叶质量高低和风格的关键工艺。

杀青

杀青主要以高温破坏茶青中的蛋白酶活性，防止做青叶的继续氧化和发酵，同时使做青叶失去部分水分呈热软态，为后道揉捻程序提供基础条件。杀青是结束做青工序的标志，也是固定毛茶品质和做青质量的主要因素。

杀青方式大生产上主要采用滚筒杀青机，少量制作时也有用手工杀青和半机械杀青。用60–90厘米家用锅砌成斜灶，用手工翻拌杀青即全手工杀青方式，用机械翻拌则为半机械杀青方式。

杀青成熟的标准：叶态干软，叶张边缘起白泡状，手揉紧后无水溢出且呈粘手感，青气去尽呈清香味。出青时需快速出尽，特别是最后出锅的尾量需快速，否则易过火变焦，使毛茶茶汤出现浑浊和焦粒，俗称“拉锅现象”。杀青的火候需要掌握前中期旺火高温，后期低火低温出锅。

揉捻

揉捻是将茶叶揉出茶汁、形成条索的过程，使茶叶具备外形便于冲泡。

岩茶手工揉捻要将杀青叶放置于专用篾制揉匾上用手反复揉捻，直到成形为止。机械揉捻主要使用乌龙茶专用揉茶机。杀青叶快速装进揉捻机乘热揉捻，方能达到最佳效果；装茶量达揉捻机盛茶桶高1/2以上至满桶；揉捻过程要掌握先轻压后逐渐加重压的原则，中途需减压1–2次，以利桶内茶叶的自动翻拌和整形。全程约需5–8分钟。小型机揉捻程度更重，应注意加压和揉捻时间不可过度，以免造成碎末和底盘茶青偏多；大型揉捻机揉茶力度更轻，特别是青叶过老时，需注意加重压，以防出现条索过松，茶片偏多，出现“揉不到”现象。

烘干

烘干是使茶叶快速失去水分的过程，其主要作用是稳定茶叶品质，使茶叶能够较长时间储存而不易变质。

烘干方式有传统木炭焙笼烘干和烘干机烘干两种。

● 揉捻是将茶叶揉出茶汁、形成条索的过程，使茶叶具备外形便于冲泡。烘干是使茶叶快速失去水分的过程，其主要作用是稳定茶叶品质，使茶叶能够较长时间储存而不易变质。

初制时以烘干机为佳。揉捻成条的茶叶需马上用高温快速烘一道，不能置放过久，一般要求在30–40分钟内烘完第一道，手触茶叶需带刺手感，而后可静置几小时，再烘第二道。一般烘2–3道即可全干。烘干机第一道烘干温度视机型大小、走速、风量等实际情况而定，一般为130℃–150℃，要求温度稳定。第二道烘干温度比第一道略低些，约低5℃–10℃，直至烘干为止。毛茶烘干后不可摊放长久，一般冷却至接近室温时即装袋进库。亦有用萎凋槽烘干的，但此方式对茶叶品质影响较大。温度低、烘干时间过长；热源多用木炭直燃吹风式，多灰尘，易带烟；烘干速度慢，效率低。故不常用。

拣茶

03 岩茶精制有哪些工艺？

精制工艺是对初制的毛茶进一步深加工，以达到成品要求，主要工艺有拣剔、分筛、风选、复拣和焙火等。

拣剔

有人工拣剔和机械拣剔两种方式。目前武夷岩茶还是以人工拣剔为主。

拣茶机也在生产上使用，但净度尚不够理想，需人工复拣才会干净。大生产上一般采用两次拣剔，即毛拣和复拣。毛拣指用人工或色选机拣去毛茶中的所有茶梗和开张的粗大松条和黄片，便于茶叶进行分筛、风选和复拣等。

分筛和风选

分筛和风选也有手工和机械两种方式，大生产均以机械操作，效果更好，效率更高。

手工操作主要是靠人工分筛后再进行风选，手工风选称簸茶，可去除茶叶中的轻片、茶末和轻质杂，也有使用木制吹风机的。

机械分筛使用平圆筛，根据需要选择几号竹筛，经若干次分筛分成若干号茶。根据筛网孔隙的大小定筛号。每号茶再单独进行复拣和风选。

风选指利用茶叶的重量、体积、外形和检风面大小的差别，在一定风力下分离茶叶的轻重和除去非茶类夹杂物。风选机械操作第一口为隔砂口，分出重质杂物，第二口为正口茶，第三口为子口茶，第四口为次子口茶，以后各口为茶片和轻质杂物。

复拣

指毛茶经毛拣、分筛、风选后，各筛号茶分开单独拣剔。需拣去松条、三角片和遗留的茶梗，并根据茶叶的品种、等级、销售要求，对照武夷岩茶国标外形要求来管理和控制复拣的轻重程度和净度。茶叶中所有非茶类夹杂物和茶梗都必须剔除，以保证成品茶外形达到国家标准，符合销售要求。

焙火

岩茶精制焙火也称炖火、吃火，是形成武夷岩茶特有的滋味、产生火功香、使茶叶耐泡、汤色加深、

● 精制工艺是对初制的毛茶进一步深加工，以达到成品要求，主要工艺有拣剔、分筛、风选、复拣和焙火等。

滋味浓醇、改善香韵的关键工艺。精制工艺的焙火犹如初制工艺的做青，具有很高的技术含量。

操作方式有传统手工炭焙、烘干机烘焙、电烤箱烘焙等方式。少量茶叶选用传统手工炭焙较好，中低档茶一般使用烘干机烘焙和电烤箱烘焙。

武夷茶园

机械烘焙一般采用烘干机慢速档烘焙，火功不论高低，均要求将茶叶焙透，所以“文火慢炖”是烘焙的基本要求。火功高低是烘焙时间和温度综合作用的结果，不能单以时间来衡量火功的高低。火功高低的掌握宜看茶叶品种、毛茶质量情况和等级，以及销售需求等因素来决定。在烘焙过程中需即时审评，调整温度高低，决定烘焙时间，以达到最终的火功要求。焙茶电烤箱外观如同立式家用电冰箱，有大小不同型号，一般设有自动控温电脑。打开箱门后里边有多层细铁筛，将需烘焙的茶叶分层放好，关上箱门，设置好温度和时间即可。但为保证质量，还需时常察看烘焙情况，随时调节。

武夷岩茶首次精制焙火后一般都要再行复焙，相隔时间至少一个半月，有些高档茶甚至需复焙三次以上。但具体复焙次数、复焙温度与相隔时间要视不同茶的需要而定。

04 手工制作有哪些关键工序?

茶叶市场上，经常可以看到标注“手工制作”的武夷岩茶，简称“手工茶”。手工茶制作有哪些关键工序呢?

武夷岩茶的传统手工制作具有悠久历史。直到20世纪70年代初，我在农村插队时，每到制作季节，都要去生产队茶厂做茶。因为没有电，也没有机械，制作全过程靠的都是人力手工制作。具体操作时有许多细节，但关键工序不外乎几道。

采青

首先是人工采青，几乎所有的生产队妇女都上阵，采青时只能用手指尖捏而不能用指甲掐。早晨露水后开采，中午停止。采下的茶青要先在太阳下暴晒一阵，再移进室内自然萎凋，而后便开始做青。

做青

茶青萎凋到合乎要求时，便正式开始做青。做青要将萎凋叶薄摊于900mm水筛上，操作程序为摇青→静置，重复多次；摇青次数从少到多，逐次增加，从十来次到一百多次不等；每次摇青次数视茶青进展情况而定，一般以摇出青臭味为基础，再参考其他因素进行调整。静置时间每次逐渐加长，每次摊叶厚度也逐次加厚，直至茶青达到成熟标准时结束做青程序。这一工序中摇青最为费力。

炒青

炒青即高温杀青。需用专门砌成的柴灶，斜置铁锅以便操作。锅烧热后，投入萎凋好的青叶，或用木铲，或用双手直接翻炒。此时可听见哔哔啪啪的声音，闻到炒茶的味道，等炒透后，马上出锅倒在竹筛上揉制。

炒青

● 武夷岩茶的传统手工制作具有悠久历史。手工制作具体操作时有许多细节，但关键工序不外乎几道：人工采青、做青、炒青、揉青、焙火。

揉青

武夷岩茶的揉青是用双手反复揉搓。也有一些地方将炒好的青叶用白棉布包裹，用脚反复揉搓。最后打开包布，置于焙笼上干燥。

焙火

手工焙火沿用传统炭焙法，需备好专用的焙间、焙坑和焙笼。先生好炭火，木炭需选用较硬的杂木烧成的木炭，不能是明火。等炭火燃透，青烟散尽，看不到火苗方可。温度高低以盖灰的厚度控制，以手摸焙笼外壁热而不烫为宜，焙壁温度为 50℃ –60℃、焙心温度为 90℃ –110℃左右。将茶叶装进焙笼，约七八成满，每次烘焙为 4–8 小时不等；每隔 30–40 分钟翻拌一次。

烘焙

揉捻

前 1–2 小时不加盖，而后可采用不加盖、半加盖和全加盖等方式烘焙。烘焙中后期就要一边试茶一边调整措施，以保证达到最佳的烘焙效果。

焙火分初焙和精焙两个阶段，焙法大体相同，初焙时间较长，精焙时间较短，但需数次复焙。

自从有了现代制茶机械后，除了少量高档茶的关键工序外，一般很少用手工制作了。能掌握手工制作全套技术的茶师也越来越少，因此如何恢复真正的传统手工技艺，是值得思考的事。

05 什么是“走水”？如何走水？

走水，是茶叶制作过程中逐渐失去水分，最后达到干燥标准的过程。走水对岩茶香型的形成和醇厚滋味的形成影响极大，一般分为三个阶段：萎凋走水、做青走水、烘焙走水。

萎凋走水

这一阶段的走水是从茶青采摘下起，直到达到萎凋标准要求结束。萎凋过程中的走水有两个作用：

1. 通过萎凋，让叶子含水分多的部位（如叶茎、叶脉）向水分少的部分进行补水，使水分充分挥发，达到整体平衡。

2. 通过萎凋，让鲜叶开始产生花香，其原理是：促使叶细胞氧化反应，散发出芳香物质。萎凋的度很重要，如果萎凋过轻，则草青味重，茶叶水分不均匀；如果走水过多，则会使其内含芳香物质受到破坏而影响茶的内质，因为茶叶的苦涩味都是在做青时随着水分的蒸发而去掉的，如果产生脱水、脱青，那么茶叶的苦涩味就很难去掉。

对于岩茶而言，其萎凋标准为新梢顶端弯曲，第二叶明显下垂且叶面大部分失去光泽，失水率约为15%，青气不显，清香外溢，叶质柔软。为了达到理想的萎凋效果，最佳的是先进行日光萎凋，俗称“曝青”，萎凋时，将鲜叶置于谷席、布垫上（摊凉于阳光下，最佳时间为上午9时至下午3时），摊叶厚度为每平方米1–2kg，然后进行室内萎凋，俗称“晾青”。

做青走水

做青走水指的是做青阶段中青叶逐渐失水的过程，包括摇青与做青、堆青（发酵）。

做青是摇青与堆青静置交替的过程，保持室内一定的温湿度，控制水分蒸发。静置前期，水分运输继续进行，梗脉水分向叶肉细胞渗透补充，叶面恢复光泽，青气显，俗称“还阳”。静置后期，水分运输减弱，均匀互补，叶呈萎软状态，叶面光泽消失，青气退，花香现。摇青大致分为“摇匀”“摇活”“摇红”“摇香”（耗时共8到12个小时）。摇青时通过叶缘碰撞、摩擦、挤压而引起叶缘组织损伤，从而促进叶内含物质氧化与转化，摇后静置，使梗叶中水分重新均匀分布，然后再摇，摇后再静置，循环往复，从而使茶叶逐步形成其特有的品质特征。此时茶叶的青草气逐渐被花果香替代，清香向熟香转化，手摸有软滑感，这样才算是走水到了位。做青走水的作用可以简单归结为：香从水散，味从水出。

在走水的过程中，茶叶香气会随着水分的蒸发走向，流散到叶片的每一个部位中去，这也是摇青与堆青工序反复交叠的目的所在，同时，鲜叶通过静置失水、摇动还阳的过程，促进多酚类化合物的氧化，可以使茶味更柔和醇厚。

随着水分的均匀挥发和茶叶内含物在发酵过程中的相互作用，茶叶会经历青叶香→轻花香→花香→轻果香→果香→熟果香的一系列的变化，最终呈现出香郁味醇的完美口感。

烘焙走水

烘焙走水体现在初制毛茶的干燥阶段和精制的焙火阶段。但更多是指茶叶存放一定时间后的轻度焙火。无论是初制毛茶的干燥，还是精制茶的焙火，都必须掌握合适的温度，这样才有利于青叶水分的挥发，而不至于过度。

烘焙时的温度是否合适，关键在于是否将青叶焙“透”。焙透，指的是温度直穿茶青内部，而不是只达到表面。只有焙透的青叶，才能较长时间保持花、果香，而不会出现返青现象或者焦火味道。一般来说，焙透的青叶，在自然条件下，可以保存较长时间而不变质。即使是清香型的岩茶，焙透之后其花果香也可保持两年。武夷岩茶的外包装上写明保质期二年，其实指的就是花、果香的质量。

如果焙火的技术高超，超过两年也是可能的，我就曾品尝过保存三年的上品清香型肉桂，花香犹在，妙不可言。

保存时间超过两年后，花香渐渐消失，但茶汤滋味开始转化得更为醇厚顺滑。一般来说，只要保存

● 走水对岩茶香型的形成和醇厚滋味的形成影响极大，一般分为三个阶段：萎凋走水、做青走水、烘焙走水。

的地点干燥通风，无异味影响，可由它自然陈化，不须走水。但若陈放时间太久，可根据情况走一下水。21 世纪初时，我曾买过一整箱国营茶企的特级水仙，当时连箱放在客楼上。一直到十年后方才打开看看情况，一位茶界朋友说你这茶外形还跟刚出厂一样，如果走一下水，可能会更好。后来朋友帮忙将这箱陈茶以电焙箱轻度焙火，也就是走了一下水，再来冲泡，果然滋味更好了。

烘焙

06 “拼配”茶好不好？

茶叶拼配，是指将可以相拼配的一定数量茶叶，重新堆放在一起，调和均匀，使其符合一定的品质要求。实际上是茶叶拼配中处理较大数量茶叶的一种技术，所以拼堆也可以称为拼配。

早期武夷岩茶基本上都是“奇种”，没有分出单独品种，从某种意义上来说当时的成品都是拼配茶。后来从奇种中选出了名丛，又选出了肉桂、水仙等单独品种，再加制作时常将质量不同的毛茶分作不同大堆，于是拼配就少了。出于商业炒作和技术保密，一般在介绍茶叶制作工序时总是回避茶叶拼配问题，但随着茶业生产技术的进步和茶叶消费者的水平提高，尽管具体拼配的技术还有所保密，但作为一项重要的茶叶制作技术，实际上已经不是什么秘密了。

茶叶之所以需要拼配，是由茶叶生产的特殊性决定的。茶叶生产的季节性极强，当天采下的茶青必须当天制成毛茶；又由于茶叶生产受外部因素影响极大，如气候变化、运输时间、制茶师个人因素等，即使是同一个品种、同一片茶园、同一个时间制作的茶叶，只要其中一个因素产生变化，质量就有可能产生变化；更何况许多茶企收购的毛茶来源不一，更无法做到每批毛茶的质量一致。为了保证茶叶品质、稳定质量，就必须将茶叶进行适当拼配。

另一方面，从产品创新的角度来看，为了满足不同层次消费者对茶叶的不同口感要求，为消费者提供更多的茶叶产品，也必须运用拼配技术，不断推出新的产品。

茶叶拼配并不是武夷岩茶的特有技术，也是闽北乌龙茶的常用技术。拼配要点如下。

首先要确定茶样。

岩茶常用的样品有三种：一是标准样，即国家权威机构确定的样品，其标准根据市场变化若干年更换一次；二是参考样，根据本企业的传统风格，选用当年新茶在标准样的基础上制作的样品；三是贸易样，供求双方协定的对品质要求的

● 茶叶拼配，是指将可以相拼配的一定数量茶叶，重新堆放在一起，调和均匀，使其符合一定的品质要求。实际上是茶叶拼配中处理较大数量茶叶的一种技术，所以拼堆也可以称为拼配。

样品。各种样品都有一定的质量规格要求，因此，在拼配前应该对样品的条索、色泽、香气、滋味、汤色、叶底等六个因素进行全面、详细的分析。

其次是根据茶样进行拼配。

岩茶的拼配分三阶段：毛茶定级归堆、成品拼配、拼和匀堆定级归堆。毛茶是成品茶的基础，在进行拼配前，先是要弄清毛茶的来源、品质、数量，验收后，将其定级归堆；不同的茶要做好记号，分别存放。毛茶经过拣剔、筛风后即为半成品茶。此时的半成品茶品质差异更为明显，一般来说将其分为本身茶、轻身茶、另堆茶三种类型。本身茶外形好、香气高、滋味醇，是拼配的基础；轻身茶外形、香气和滋味都较差，可以作为拼带茶；另堆茶具有较为特别的香气滋味，可以作为拼配时调和之用。在具体拼配时，应根据商品茶的茶样标准，先进行试拼；选择本身茶作为骨干茶，在此基础上，适当拼入轻身茶和另堆茶，保证与茶样相符。试拼时一要注意毛茶的外形要基本一致。二要注意内质方面扬长补短，香气弱的拼入香气高的茶叶，以提升其香气，滋味薄的增加滋味醇厚的茶叶；一般来说，同一品种茶的拼配比较容易处理；不同品种茶的拼配，技术要求更复杂，也需更为用心处理。除此以外，还应考虑岩茶复焙火后，以及存放之后茶叶内质可能出现的情况，避免出现较大的内质差别。总之是不断调整外形与内质，直到最后符合要求为止。试拼达到要求后，即可根据茶样，进行大批量拼配，此时才算是真正的“拼堆”。拼堆完毕后，还要进行扦取复查，随时拼配调和，直到达到标准为止，最后将拼好的成品茶装箱即可。

07 哪些是武夷茶公共品牌？

“品牌”一词原指中世纪烙在马、羊身上的烙印，用以区分其不同的归属。手工业者往往在自己的产品上打上标记，以证明出处。品牌是品牌属性、名称、包装、价格、历史、声誉及广告方式等无形资产的总和。消费者对品牌的所有印记都是由不同传播接触引起的印象点组成的，品牌也是一种承诺，通过识别和鉴定某个产品或服务，表达一种对品质和满意度的保证。

武夷茶品牌，主要有三类。一类是政府确定的区域公共品牌，二是规模企业的固定品牌，三是一些以非物质文化传承人、特级制茶工艺师等荣誉出现的个人品牌。

武夷山市政府确定的茶叶区域公共品牌主要有三个。

1.“武夷岩茶”

武夷岩茶作为武夷山茶叶产品的公共名称，始于清朝末年，迄今已有100多年的历史。自20世纪90年代后，武夷岩茶不断发展，其知名度越来越高。为了促进武夷山茶业品牌建设，武夷山市以“武夷岩茶”之名多次参与国家有关部门的相关评比，并于2017年成功入选农业部发起的“十大名茶区域公用品牌”。

2.“武夷山大红袍”

随着武夷山旅游业的发展，大红袍茶的知名度越来越高。2001年，武夷山市政府以“武夷山大红袍”之名向国家工商总局注册了“地理标志证明商标”，并于2004年下达了《关于启用“武夷山大红袍”证明商标的通知》。

2006年，武夷岩茶（大红袍）传统制作技艺作为唯一的茶类被列入首批国家非物质文化遗产。2010年，“武夷山大红袍”被国家工商总局新认定为中国驰名商标。

3.“武夷山正山小种”

武夷山正山小种红茶是世界红茶始祖，生长在武夷山国家级自然保护区内，迄今已有400多年历史。17世纪初，正山小种红茶远销欧洲，大受欢迎，曾被当时的英格兰皇家选为皇家红茶。

早在2002年，“正山小种”

● 武夷茶品牌，主要有三类。一类是政府确定的区域公共品牌，二是规模企业的固定品牌，三是一些以非物质文化传承人、特级制茶工艺师等荣誉出现的个人品牌。

即获得中国原产地保护产品注册；2010 年，“正山小种”成功注册地理标志证明商标。

根据国家质量监督检验总局制定的《原产地保护标记管理规定》，原产地初步界定范围为东至麻栗，西至挂墩，南至皮坑、古王坑，北至桐木关，方圆 565 平方公里地区。

正山小种分烟种和无烟种，用松针或松柴熏制的称为“烟正山小种”；没有熏制的，则称为“无烟正山小种”。正山小种的这两种不同制作工艺生产出的汤色与滋味有较大不同。

08 大红袍品牌是怎样打造成的？

武夷山大红袍作为区域公共品牌，几乎红遍了天下。这一品牌成长过程给了人们许多启示。

首先，“大红袍”这三个字不仅快速传达出中国传统“红袍加身”的吉祥感觉，激发了消费者的美妙联想，更能帮助茶叶品牌抢先占领行业制高点，赢得消费者，大大提高品牌成长的速度。大红袍的传奇故事，其本质是创造了品牌典故，以此来传播品牌、提升品牌、提高销量，达到塑造茶叶品牌的目的。依附在大红袍身上的品牌典故，同时具备浓郁的生动性、趣味性、传奇性，极大地激发了消费者的好奇心。

其二，大红袍在品牌传播过程中，持续运用了核链公关策略，不断制造热点或借助热点，不断制造新闻，提高大红袍的品牌知名度和美誉度。首先，搭“天价”便车，一亿元保大红袍“母树”。此举不仅是中国人民财产保险股份有限公司签订的最大保额名茶责任保险，更开创了茶业先河，在茶业领域和金融业界引起震动，成为大家关注的焦点。保额上的“天价”，带来了大红袍在销售价格上的扶摇直上，飙升至“天价”。这种“搭便车”炒作“天价”的做法，在客观上提高了大红袍的品牌知名度，让更多人知道大红袍的品牌特征。第二，借助“馆藏”概念，绝品大红袍入藏国家博物馆。2006 年 5 月，武夷山市政府决定停采留养母树大红袍，实行特别保护和管理，从此不再用大红袍母树生产制作茶叶。2007 年 10 月，武夷山市政府将当地 6 株大红袍母树的茶叶捐赠给国家博物馆。它们是最后仅存的 20 克，此举标志着武夷山 6 株 350 年树龄的母树大红袍未来不再采茶，而这 20 克是入藏国家博物馆的唯一现代茶叶。当捐赠仪式在国家博物馆举行，由中央电视台播出后，国内各省市地区的电视、报纸媒体闻风而动，迅速跟进，进行跟踪报道或转播、转发，短时间内在全国范围形成新闻热点，再一次推动大红袍品牌走向千家万户，让大红袍在核链公关的作用下，

● 武夷山市政府抓住了品牌成长的核心要素，创造了一个又一个引人注目的品牌典故，通过一系列的核链公关，制造一系列热点或借助热点，成功地让大红袍成为中国茶叶界耀眼的红星。

渐渐成为家喻户晓的“当红品牌”。

第三，利用名导演打文化牌，邀请张艺谋拍摄“印象大红袍”。奥运后的张艺谋更加炙手可热，“印象”系列亦是水涨船高。2010 年 3 月，“印象大红袍”进行了全球公演，不仅让游客充分体验了武夷山的历史、民俗、山水以及博大精深的茶文化，更在一定程度上传播了大红袍，颂扬了茶文化，将大红袍从一个产业上升到一种文化，一种代表着武夷山、福建乃至中国的文化，其后 CCTV“走遍中国”栏目拍摄了五集《武夷山茶文化》。这一转变，不仅提高了武夷山和大红袍的知名度，也提高二者的品牌价值。在此之前，武夷山市政府也曾借助文化牌来宣传大红袍，只不过影响力要逊于“印象大红袍”，但先前点点滴滴的努力都不可小觑，都是功不可没！

总而言之，武夷山市政府抓住了品牌成长的核心要素，通过对大红袍来历的挖掘和创作，有意或无意地创造了一个又一个引人注目的品牌典故，并且通过一系列的核链公关，制造一系列热点或借助热点，刺激了茶业内外，出色地完成了一次又一次事件营销，成功地让大红袍成为中国茶叶界耀眼的红星。

武夷实景演出

09 岩茶有哪些规模企业？

目前登记注册的武夷山茶企已达到 3000 多家，其中不乏在省内外甚至国际上都有知名度的现代化规模企业，根据我多年对武夷山茶的了解，在此提供部分名单供消费者参考。

武夷星茶叶有限公司

2001 年 10 月注册成立——星愿(中国)，是“第四批农业产业化国家重点龙头企业” 之一，公司董事长何一心。“武夷星”及 “武夷”商标是“福建省著名商标”。

武夷山凯捷岩茶城有限公司

省级农牧业产业化龙头企业，公司总裁陈杭生。“岩上岩”为该公司注册商标。

武夷山市永生茶业有限公司

始创于 1985 年，坐落在武夷山市星村镇星村齐云路，省级农牧业产业化龙头，公司总经理游玉琼。“戏球”牌商标被认定为“福建省著名商标”。

武夷山市正袍国茶茶业有限公司

成立于 2008 年 12 月 19 日，省级农牧业产业化龙头企业，“正袍国茶”为闽北知名商标。

武夷山市北岩茶业有限公司

位于天心岩茶村，厂长吴宗燕。企业获准使用“武夷岩茶原产地域产品专用标志”。生产“北岩”牌系列岩茶产品。

福建武夷岩生态茶业有限公司

位于武夷山市区主干道的五九南路九号，通过国家食品安全 QS 认证，获准使用“大红袍原产地域产品标志”。品牌“茶人一品”是“福建省著名商标”。

武夷山香江茶业有限公司

公司前身为福龙茶厂，创办于中华人民共和国成立初期。1990 年，福龙茶厂更名为武夷山市岩茶厂。省级农牧业产业化龙头企业。“大王峰曦瓜”牌商标为“福建省著名商标”。

武夷山市古茶道茶业有限公司

在下梅上岩古茶园和慧苑坑茶园的基础上创立。产品通过了有机茶认证、QS 质量安全认证，获得“武夷山大红袍原产地产品保护标志”。主推品“天驿古茗”。

● 目前登记注册的武夷山茶企已达到3000多家，其中不乏在省内外甚至国际上都有知名度的现代化规模企业。

武夷山市瑞泉岩茶厂

始创于1644年，主产区位于武夷山风景区水帘洞“瑞泉岩”下，因此而得其名。1982年黄氏第十一代传人黄贤义恢复此老字号，企业在黄氏第十二代传人黄圣辉的带领下，在茶文化建设顾问黄贤庚先生，技术总监、武夷岩茶（大红袍）制作技艺传承人黄圣亮齐心协助下，逐步发展，成为武夷山著名品牌。

武夷山市中远生态茶业有限公司

公司位于武夷山保护区，董事长龚雅玲，主要品牌为“苑芳”牌系列有机岩茶。产品通过德国BCS、美国NOP、日本JS、中国OTRDC的有机认证。具有自己独特的风格。

武夷山市南方岩茶精制厂

创办于1993年，2007年成立武夷山市南方岩茶有限公司，位于武夷山市高苏坂，南平市农业产业化龙头企业。“九九岩”为公司注册商标。

武夷山市武夷岩茶研究所有限责任公司

公司坐落于武夷山风景名胜区内，总经理黄意生。“仙人栽”“状元袍”为其注册商标。

武夷山正山堂茶业有限公司

公司创立于1997年，坐落于武夷山市星村镇桐木村庙湾。2002年，在原厂基础上成立福建武夷山正山茶业有限公司，生产“正山堂”品牌系列产品。

武夷山市绿洲茶业有限公司

公司坐落在桐木村江墩。主要产品为“山尔堂”系列红茶产品。

武夷山市骏德茶厂

2008年4月成立，坐落于桐木村，生产“骏德”牌系列红茶产品。

武夷山市永胜生态茶业有限公司

公司成立于2009年4月，位于武夷山市星村镇桐木村，生产“永胜”牌茶叶（红茶）系列产品 。

10 非物质文化遗产武夷岩茶（大红袍）制作技艺传承人有哪些？

2016 年 6 月，国务院办公厅正式下文公布了首批武夷山市武夷岩茶（大红袍）传统制作技艺传承人名单，这些传承人代表了当前武夷岩茶大红袍制作技艺的最高水平，在武夷山市茶业中起着积极的带头与推动作用。他们的姓名与企业、商标受到消费者的信任与欢迎。

叶启桐（图 1）

福建周宁人，农艺师、高级评茶师。1991 年至 1993 年任“崇安茶场”场长，后任县岩茶总公司副总经理兼市茶厂厂长。

陈德华（图 2）

福州人，高级农艺师，三度任武夷茶科所所长，曾任武夷星愿茶业有限公司技术副总经理。后与儿子创办“武夷山北斗岩茶研究所”和“爱德华茶场”。2007 年获武夷山市政府科技突出贡献奖。产品注册商标“魁星”。

王顺明（图 3）

古田人，评茶师。历任综合农场场长、武夷岩茶场党委书记、岩茶总公司总经理、武夷山茶叶科学研究所所长、韩国国际茶叶研究所名誉所长。产品注册商标“奇茗”“琪明茶叶”等。

刘宝顺（图 4）

武夷山人，农艺师。1989 至 1994 年任茶科所所长，创办“幔亭茶叶科学研究所”。产品注册商标“幔亭”。

刘峰（图 5）

武夷山人，曾任武夷山市茶叶科学研究所副所长。创办“仙凡岩茶制作中心”“大茶壶茶叶研究所”。产品注册商标“仙凡岩”“大茶壶”。

王国兴（图 6）

武夷山人，助理农艺师。曾任茶科所副所长，注重武夷岩茶的传统工艺的研究。

吴宗燕（图 7）

出生于武夷山天心村。随父长期从事茶的生产、制作、营销。

● 2016 年 6 月，国务院办公厅正式下文公布了首批武夷山市武夷岩茶（大红袍）传统制作技艺传承人名单，这些传承人代表了当前武夷岩茶大红袍制作技艺的最高水平。

游玉琼（图 8）

武夷山人，评茶师。永生茶叶有限公司总经理，是目前唯一的女性非遗传承人。

刘国英（图 9）

武夷山人，高级农艺师。创办“岩上茶叶研究所”，现为武夷山茶叶公会会长。产品注册商标“岩上”。

黄圣亮（图 10）

武夷山人，与父兄创办“瑞泉”茶厂。“瑞泉”牌注册商标被评为闽北知名商标。

陈孝文（图 11）

武夷山人，与父陈墩水共同经营“慧苑”茶厂。产品注册商标“慧苑”。

苏炳溪（图 12）

出生于茶叶世家，与其子苏德发经营“大坑口”茶厂。产品注册商标“大坑口”。

保健与养生

1. 中医怎样论述武夷岩茶的保健功能？
2. 与岩茶的保健功能有关的传说有哪些？
3. 如何理解武夷岩茶的茶性？
4. 武夷山民间如何用岩茶治病保健？
5. 武夷岩茶中哪些物理成分在起保健作用？

……

01 中医怎样论述武夷岩茶的保健功能?

根据我国最早的一部植物学专著汉代《神农本草经》所载，“神农氏尝百草，日遇七十二毒，得茶而解之。”由此可见，最初人们认为茶的功能是解毒。随着对茶的进一步认识，人们又发现了茶的许多其他医药保健功能。东汉名医华佗的《食论》载:“苦茶久食，益意思。”东汉增广的《神农本草经》载：“茶味苦，饮之使人益思，少卧，轻身，明目。”唐代茶圣陆羽《茶经》载：“茶之为用，味至寒，为饮，最宜精行德之人。若热渴凝闷，脑疼目涩，四肢不舒。聊四五啜，与醍醐甘露相抗衡。”明代李时珍《本草纲目》则载：“茶浓煎吐风热痰涎，……最能降火。火为百病，火降则上清头目。”清代孙星衍辑《神农本草经》载：“茶久服安心益气，聪察少卧，轻身耐老。”从这些典籍中

● 岩茶流行区的中医认为，岩茶的主要保健功能是解困提神和消食去腻，此外还能祛风驱寒治感冒以及调和肠胃，特别是水土不服引起的肠胃疾患。

可以大体看出，茶的功能从最初的解毒药渐渐变为具有多种保健功能的饮料。事实上，在长期的实践中，人们发现，茶真正直接解毒的功效并不强，其主要功能还在于保健。这也是后来人们根据茶的特性，发展了茶的清热降火、提神解困、去腻消食、久服耐老等保健功能的根本缘故。

从这些古代典籍中记载的茶的功能来看，所指茶的功能主要是绿茶类的功能。因为明代之前岩茶尚未出现，明代之后虽有武夷岩茶，却主要在福建、广东一带流行，广大的长江流域和中原地区依然主要喝绿茶。李时珍、孙星衍等人虽说医药知识丰富，但因不是闽粤人，能见到也多是绿茶。

武夷岩茶作为一种茶，其主要保健功能与其他茶类没有根本上的不同，只是因为在加工制作时工艺较为复杂，特别是做青与焙火，使茶性有了一定改变，从而在某些方面具有特殊的保健作用。一般来说，岩茶流行区的中医认为，岩茶的主要保健功能是解困提神和消食去腻，此外还能祛风驱寒治感冒以及调和肠胃，特别是水土不服引起的肠胃疾患，用陈年岩茶煎汤，往往一服即灵。

近年来，随着对岩茶性能的进一步了解，人们又发现，岩茶具有减肥、降压、抗辐射、抗癌等功能。曾有人在岩茶流行区进行过调查，发现经常喝岩茶的人，很少有胖子。高血压、心脏病、癌症发病率也较低。日本人对岩茶的这一功能认识较早，所以近年来岩茶在日本非常流行，包括岩茶在内的闽北乌龙茶一直是福建出口日本的主要茶叶产品。

除了上述功能，岩茶还能有效解除烟毒。我在与武夷山茶人接触过程中，发现他们中喝酒的很少而抽烟的很多，许多嗜烟者，同时也嗜茶，但他们没有嗜烟者所常有的毛病，特别是很少有烟痰。岩茶还能治多尿症，我的体质据中医说是“胎里寒”，每晚要起夜两三次，自从养成喝岩茶的习惯后，就减为一次了。

与岩茶的保健功能有关的传说有哪些?

1. 著名的关于大红袍的传说

话说当年进京赶考的秀才路过天心寺时，突患急病，其病症状是腹胀肚痛，于是方丈就从陶罐中抓出一撮茶叶，放碗里用滚水冲泡后让秀才服下。秀才服后肚中“咕咕”作响，很快腹胀消失，不再疼痛。此秀才后来高中状元，为报天心寺方丈当年相救之恩，特地回到武夷山将状元红袍披挂到茶树上。随后又带了一些茶叶回京，恰在此时遇皇后娘娘也患肚疼腹胀之疾，京城医生束手无策，于是状元又用大红袍茶叶治好了皇后的病。

这则故事中秀才与皇后所患的病，均为肠胃疾病，不过秀才患的可能是急性肠胃炎，皇后患的可能是消化不良症，所以茶叶才会起到作用。

2. 勤婆婆善良换得大红袍

勤婆婆因为善良，在灾荒年用树叶汤招待一位扮作饿老汉的仙人，因此得到茶树。勤婆婆将这茶树叶分给乡亲们喝，乡亲们喝了以后，只觉回肠荡气，肚疼的不疼了，腹胀的不胀了。

3. 老伯无意得乌龙

一位老伯发现一条黑蛇偷吃他家鸡蛋后，愤怒之下设计让蛇吞下石蛋。本以为此蛇肯定撑死，哪知黑蛇溜到山上后，找到一棵茶树，吞吃了许多茶叶，没多久石蛋就被化掉，黑蛇安然无事。

● 武夷山流传着许多提及茶的治病作用的茶歌茶谚，“清早一杯茶，赛过吃鱼虾”“饭后一杯茶，不用找药家”等。

这则故事中强调的是茶的助消化功能，连石头都能化掉！

4. 白姑娘种水仙茶

白姑娘上山偶然发现一棵开小白花的奇树，移回家后精心浇灌枝之成活。有一天，遇到一位青年上山砍柴，突然昏倒路上，浑身发烧。正好被白姑娘遇见，急忙将他背回家，用所种茶树煎汤让他服下，青年很快就醒了过来，并恢复了健康。

这里提到的砍柴青年所患疾病，有可能是中暑。

武夷山流传着许多提及茶的治病作用的茶歌茶谚，“清早一杯茶，赛过吃鱼虾”“饭后一杯茶，不用找药家”等。

03 如何理解武夷岩茶的茶性？

茶性，不是纯粹科学意义上的茶叶性质，而且是中国茶叶中一个特定概念，其来源于中国传统的医学阴阳五行理论，主要指茶叶对于人体的温寒反应特点，是一种包含了科学意义在内的更丰富的关于茶叶性质的归纳。武夷岩茶的茶性，大体上属温和型。传统型的武夷岩茶经过做青和烘焙，不仅突出了特有的花香与甘醇滋味，更重要的是茶性变温和。这一点，古人早就已经认识，清初赵学敏的《本草纲目拾遗》载：“诸茶皆性寒，胃弱者食之多停饮，惟武夷茶性温不伤胃，凡茶辟停饮者宜之。”

但在贮藏的不同阶段，温和的程度也有所区别。第一阶段，茶叶刚刚完成精制焙火，茶性温热。此时的岩茶，“火气”未退，火功香十分明显，饮用后，常常有种温热之感，容易“上火”。这一阶段，根据焙火的轻重程度，会持续三个月至一年；第二阶段，茶叶已经过一定时间的贮藏，火气消退，茶性变温和，此时饮用，火功香明显减弱，花果香凸现，在感官滋味上有种温和感而不会有“上火”现象；第三阶段，经两年以上陈放，当初的火气退尽，若是三年以上的陈茶，花香也消失，茶性变平和，适合养胃。

近年来出现的“清香型”岩茶，在茶性上不像传统型岩茶那样刚焙完时呈温热，而是直接进入第三阶段，一焙完即可饮用，但又不显寒凉，因此更受原本习惯了饮用绿茶的消费群体的欢迎。

正因为岩茶的茶性如此，所以从养生角度来说，更适合体寒畏、胃肠功能不好的人饮用。此外，岩茶因为有较好的驱寒去湿功能，因此也更适合在沿海山区、低洼湿地以及寒冷北方等地区饮用。

04 武夷山民间如何用岩茶治病保健?

在实际生活中，民间认识到的岩茶的药用功能，主要有四个方面：

1. 助消化

清除肠胃中的油腻。饮茶后肚子容易饿，饮得越多饿得越快。因此武夷山地区居民常常在饭后喝一些茶,尤其是在赴宴之后,喜欢饮茶，一来消除口腔中的油腻感，二来助消化。在农村,若遇上小孩积食腹胀，长辈们亦会煎一些浓茶，让小孩服用，常常能收到很好的效果。

2. 解困提神

武夷山地区的人们在困倦时，常用岩茶来提神，尤其是熬夜时，常喜欢泡一些较浓的茶,不时饮用。此外，农村中还常用茶来消除疲劳困乏。许多地方的农民，在春夏季节出外上山干活时，总要带上一大竹筒泡好的茶，一来解渴，二来除乏。20 世纪六七十年代夏季集体劳动时，生产队每天都要派专人在村里泡茶，然后用水桶挑到山上去供大家饮用。有时干脆将茶叶投到水桶里，直接用井水冷泡。等慢悠悠地挑到几里外的山上,茶也化开了。此时的冷水茶，别有一番味道。

3. 去暑消毒

农民夏天喜饮粗制岩茶，认为能去暑热。为了加强效果，还常在茶中加一些金银花之类的草药。岩茶还有解毒作用，尤其是陈年岩茶。根据地方史资料记载，20 世纪三四十年代，闽北游击队因缺医少药，经常用陈年岩茶汤冲洗伤口，确实也有一定效果。而在民间一些地方，长辈喜欢给小孩洗茶水浴，认为可以预防皮肤病。有时小孩皮肤长痱生疮，也用浓茶水涂洗。

4. 驱风寒感冒

武夷山农村的许多人家里都喜欢制作柚子茶，即将干茶叶塞进整

● 实际生活中，民间认识到的岩茶的药用功能，主要有四个方面：助消化、解困提神、去暑消毒、驱风寒感冒。

个柚子皮里，用线缝密后挂于通风处，置厅堂香案之上自然风干，或者挂于灶头上任凭烟熏火燎，经一年后便成柚子茶。一旦家中有人得病，主妇便打开柚茶，抓一大把放进特制的陶罐里，放在灶火旁煎至大滚，然后倒出，茶汤浓黑如膏，入口亦苦涩如药。趁热饮下，常常会有回肠荡气、额头冒汗、七窍舒通的感觉。柚茶除了治感冒，还有一个作用是治肠胃不适，尤其是小儿食积。

凤凰蛋也是武夷山民间流传广泛、具有悠久历史的一种家常药茶，其主要成分是岩茶，配以多种中草药，作用类似万应保健茶。因它的形状像鸡蛋，且仅有拇指般粗，故当地百姓称其为“凤凰蛋”。每年端午节，武夷山民间沿袭传统，几乎家家都会制作“凤凰蛋”。

人们也认识到，茶性有利也有弊，若饮用不当，也会造成负面影响，同时总结出一套饮茶的合理方法，如不宜过浓、不宜隔夜、不宜空腹、不宜过量、不宜配药，还有失眠者不宜等等。

南宋 · 刘松年《卢仝烹茶图卷》（局部）

05 武夷岩茶中哪些物理成分在起保健作用?

武夷岩茶的主要物理成分与一般茶类没有什么大的不同，不过有些成分含量多一点，有些少一点。分析茶的物理成分主要是用茶叶析出的固形物。主要成分如下:

茶多酚

别名茶鞣质、茶单宁。茶叶中的含量约为 10％～30%。茶多酚含组成物质多达 30 余种，包括黄烷醇类、苷类、黄酮醇类和黄酮类等。其中以黄烷醇类中所含的儿茶素最为重要，约占多酚类总量的 50%～70%。茶多酚具有防止动脉粥样硬化、降血脂、消炎抑菌、防辐射、抗癌等多种功效。

咖啡因

在茶叶中的含量为 2%～5%；是从茶叶、咖啡果中提炼出来的一种生物碱，咖啡因是一种中枢神经的兴奋剂，具有提神作用。在人的正常饮用剂量下，对人无致畸、致癌和致突变作用。

氨基酸

茶叶中有 20 多种氨基酸，其中茶氨含量最高，占氨基酸总量的 50% 以上。氨基酸是人体必需的。茶氨酸具有解除疲劳、松弛神经、降压、提高人体免疫、抗癌等多种功效。

维生素与微量元素

茶叶中含有多种维生素，如维生素 B1、维生素 C、维生素 E 等，此外茶叶中还含有多种对人体具有重要作用的矿物质。茶叶中的氟素含量很高，远高于其他植物，对预防龋齿和防老年骨质疏松有明显效果。

脂多糖

在茶叶中的含量约为 3%。是茶叶细胞壁的主要成分，具有防辐

● 分析茶的物理成分主要是用茶叶析出的固形物。主要成分有茶多酚、咖啡因、氨基酸、维生素与微量元素、脂多糖、茶色素、芳香类物质。

射和增加白细胞数量的功效。

茶色素（茶黄素、茶红素等）

茶黄素，是存在于武夷岩茶中的一种金黄色素，是茶叶发酵的产物。茶黄素在茶汤中鲜亮的颜色和浓烈的口感方面，起到了一定的作用。

茶红素是一种橙褐色素。茶红素在茶汤的味道、色泽方面，起到了一定的作用。

芳香类物质

茶叶中的芳香类物质含量很少，但是种类很多，其中最主要的是青叶酒精。一般认为，芳香类物质并无明显的药理作用，是一种对人体无益也无害的物质。乌龙茶（包括武夷岩茶）是含芳香类物质最多的茶类。

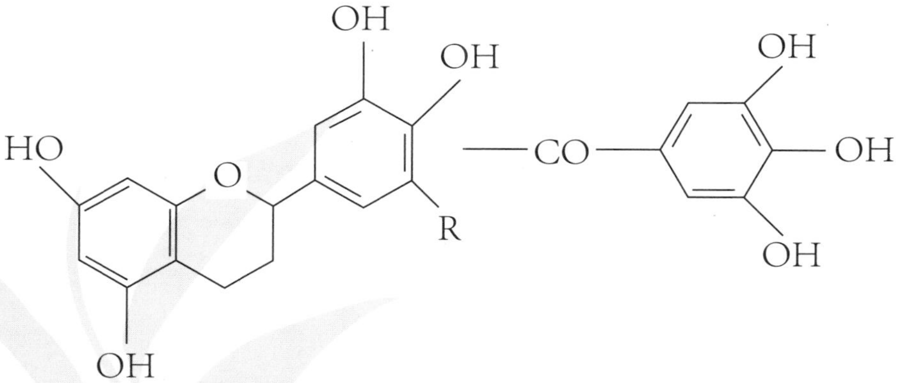

茶多酚化学成分

06 科学饮用岩茶有什么原则？

要做到科学饮茶，就要遵循以下几个基本原则：

1. 适量

适量，指的是数量上的概念。具体来说，一是茶汤冲泡的浓淡要适度，二是每日饮茶的量要适度。

茶叶中的主要药理成分茶多酚、咖啡因等，如果摄入量过多，就会产生负面作用。但是，究竟茶汤要多浓，每日要饮多少才合适，目前尚无明确的数据。因为在实际上，人的饮茶量有相当的弹性。有调查表明，我国广东潮汕地区人们的人均饮茶量最大。潮汕地区流行著名的潮州“工夫茶”，其品饮特点是“小壶小盅滚水烫，不吃早饭先啜汤；茶色如酱味浓酽，一天到晚乐未央”。曾有专家对潮汕地区的饮茶方式提出批评，认为茶汤太浓、太烫，饮茶量太大，不利于健康，容易引发咽喉癌。然而对于潮汕地区的群众来说，这种饮茶习惯延续了数百年之久，也未见谁喝出过问题，健康调查结果也没有发现潮汕地区咽喉癌发病率比其他地区高。著名茶人张天福，高寿已超过 100 岁，依旧耳聪目明，步履稳健，而他的饮茶量，可能是全国最高的，几十年不中断，每日 100 小盅（每盅约 20 毫升）。

但是对于大多人来说，可能就无法消受如此大的饮茶量，尤其是潮汕工夫茶的浓酽茶汤。所以，有专家提出，每天每人茶叶的使用量不宜超过 15 克，茶汤不宜太浓。笔者认为，这种建议值得采纳。

2. 适时

所谓适时，指的是时间上概念，主要包括：饮茶的季节适应性和一日内的时间适应性。

中国传统的养生观念中十分注重四时养生。这是因为随着季节变化，人体内的生物钟也会产生相应变化。为了适应这种变化，就应当

在饮食方面进行一些调节，保持身体的阴阳五行平衡。根据这个指导思想，四时饮茶应遵循的原则是：春季温暖而潮湿，天气变化大，潮气不易散发，茶量宜稍浓；夏季炎热多雨气闷，茶量宜稍淡；秋季清凉干燥，冬季寒冷多风，茶汤可浓而茶量宜少。冬季茶汤宜热，夏季茶汤宜凉，春秋温热皆可。

一天中有日夜和晨昏子午十二时辰变化，饮茶原则是：白日可多饮，晨昏宜淡；夜晚少饮，犹忌浓茶。睡前不饮，饭前空腹不饮。至于饭后能否马上饮茶，则是一个有争议的问题。但是饭后以浓茶汤漱口，则对健康有利；过半个小时再饮，肯定没问题。

3. 适人

所谓适人，指的是因人而异。中国幅员辽阔，东西南北气候地理环境有很大的差异，饮食习惯与体质特点也有很大差异，因此选什么茶、怎么饮也有很大差异。而就每个具体的个人来说，其所成长的生活环境不同、工作性质不同，体质

也不同，因此选用什么茶、怎么饮茶必然也有许多差异。因人原则就是要根据个人的体质特点，选择适合的茶类与饮茶方式。

武夷山虽然产茶，但大部分的茶叶销往外地。因此，考究一下武夷茶的主要消费地情况，有助于了解饮茶的适人原则。

武夷岩茶主要销往闽南与广东、台湾，以及山东沿海地区，闽粤台沿海地区是东亚热带海洋性气候地区，温热而多雨，饮食多海鲜，青茶性温，既可解海鲜之腥寒，又可去湿气。近年来，岩茶发展迅速，消费地区也逐渐扩大到原先以绿茶、花茶、普洱茶为主的消费区。其中以大红袍为代表的岩茶，成了北京、上海、西安等诸大都市的时尚茶，

● 根据医学部门的研究，有些患者不宜饮茶，有些是绝对禁忌，有些是需要控制摄入量。具体情况具体分析，不可一概而论。

而受到许多茶客的喜爱。其中相当一部分消费者选择岩茶，也是因为体质方面不适合绿茶的寒凉之故。

以上简析，可知饮茶适人原则的主要因素。一是要了解自己所处地区的气候环境特点及饮食习惯；二是要了解个人体质情况，这一点尤为重要。就大的方面来说，气候环境对人的体质有较大影响，然而就个人的具体情况来说，又有许多的不同。一般来说，首先需要了解的是自己体质的阴阳属性。阳盛之体不畏寒凉，易上火；阴盛之体畏寒不畏热，多尿。阳盛体质者宜饮陈茶；阴盛体质者宜饮新岩茶；其次，要进一步了解自己身体的内部器官状况，这一点可由医院体检解决。正常情况下，饮茶不会有副作用。但若某些器官出了问题，饮茶就要有所禁忌了。

根据医学部门的研究，以下患者不宜饮茶：

贫血患者，特别是患缺铁性贫血的病人，茶中的鞣酸可使食物中的铁形成不被人体吸收的沉淀物，往往使病情加重。

神经衰弱、甲状腺功能亢进、结核病患者，因为茶中的咖啡因能引起基础代谢增高，使病情加剧。

胃及十二指肠溃疡患者，因为茶中的咖啡因能刺激胃液分泌和溃疡面，使胃病和溃疡加重。

肝、肾病患者，茶中的咖啡因要经过肝脏、肾脏新陈代谢，对肝、肾功能不全的人来说，不利于肝、肾脏功能的恢复。

习惯性便秘患者，茶中的鞣酸具有收敛作用，会使便秘加重。

肾、尿道结石患者，茶中的鞣酸，会导致结石增多。

孕妇饮茶过多，会引起贫血，使新生儿因母体供血不足而体重减轻。

哺乳期妇女因茶中的咖啡因可通过乳汁进入婴儿体内，使婴儿发生痉挛、烦躁不安，出现无缘故的啼哭。

凡此种种，有些是绝对禁忌，有些是需要控制摄入量。总之，具体情况具体分析，不可一概而论。

07 绿茶越早越好吗?

这种观点主要是在绿茶圈内流行。认为绿茶要抢早，最好的是“明前”茶，即清明节前所采制的绿茶。许多地方的茶客都以喝到当年最早上市的明前茶为荣。因此带动了明前茶的价位，每千克往往高达数千元。明前茶的巨大利润空间，驱使一些地方为早而早，甚至做起了“温室大棚茶”，也赢得不少茶客。

从科学的角度来看，越早越好是没有道理的。据研究，最好的绿茶并非在明前，而是明后至谷雨间。原因很简单，明前的茶芽虽然萌发得早，但芽头细小，太幼嫩，内质含量单薄。而明后雨前所萌发的茶芽比较成熟，内质含量较为丰富。从感官审评的角度来看，明前茶无论香气滋味都不及稍迟一些的雨前茶。至于大棚茶，近年来虽有滥觞的趋势，终因其内质单薄而难有大的发展。

尽管如此，并不是说明前茶就不能喝，需要明白的道理是别让“越早越好”论误导。科学饮茶的原则不是“赶早”，而是“赶好”。只有好才是硬道理。

08 茶越陈越好吗？

这种说法是近年来某些人为炒作普洱茶而提出来的。普洱茶原产于云南，是一种以云南土生大叶种晒青叶为原料制作的后发酵茶。其特点是要在自然条件下存放一定的时间，经自然氧化后茶汤滋味才更好。一般来说，传统的晒青普洱茶，俗称“生普”，存放十年左右口感较佳，陈放几十年的口感也不错，与绿茶一陈放就色香味尽失形成鲜明对比。而从另一方面来说，普洱茶也比较适合存放，有记录发现存放上百年还能喝的普洱，如此一来，就有人无限夸大普洱的特点，甚至把它说成是“可以喝的古董”。在这种观点引导下，社会上出现疯狂的囤积普洱风，“越陈越好”的说法铺天盖地。类似的说法，在黑茶直销中也常见。

实际上，只要稍加理性思考，这会发现这种观点既不符合事实，也缺乏逻辑。可以存放的茶除了普洱茶外，还有武夷岩茶、白茶、红茶，在适合的保存环境下，一定的时间内，这些茶不但不会变质，而且还有可能更好喝。但是究竟在多少时间内可以保持品质不变？根据现有的资料和经验，普洱有百年的；岩茶、红茶、白茶有五十年的；这些茶叶可以喝，但是品质已发生变化，都有陈味了，香气不值一提。所以，根本就不存在“越陈越好”的茶叶。至于所谓“能喝的古董”，就更荒唐了。能称得上是古董的东西，均是有文物价值的，有谁会把“古董”喝掉呢？

09 茶能治百病吗？

关于茶治百病的典型说法是所谓的“×× 茶的十大医疗保健功能”，在肯定了茶的治病保健功能前提下，罗列出许多功能。而这些功能，几乎包括了当今几乎所有的常见疾病，好像只要饮茶就能防治所有的这些疾病。这实在是一种误导。茶能治病，这是古人很早就认识到的道理。但是在实践中，人们发现，茶能治病，但只能治一些小毛病。根据现代科学对茶的药理的研究，与其说茶能治病，不如说能防病。“治”与“防”，虽说密切相关，但毕竟是两个完全不同的概念。前者是出现问题时的解决办法，后者是防止出现问题的办法。而且，茶的防病功能也只限于一定范围，只对某些疾病有预防作用。鼓吹“茶治百病”，错误在于偷换了“防”与“治”的概念，并夸大了茶的作用。不管哪一类茶，由于其所含药理成分基本相同，防病的功效大致上也相同，根本不存在某类茶防治功能特别强的问题。当然，不同类的茶，因品种、产地、制作工艺上的差别，茶性有些差别，如绿茶、白茶性寒凉，红茶、岩茶性温和，对不同体质的人所产生的作用也有差别。尽管如此，就其基本功能方面，没有也不可能有很大的差别。

10 怎样理解科学饮用武夷岩茶？

要使武夷岩茶发发挥最大的保健作用，就必须知道如何科学饮茶。

科学饮茶的基本概念是：建立在对茶性科学认识基础上，以休闲养生为目的，是一种重在品味欣赏的高雅活动，一种有效提高人的健康水平和精神文明程度的生活方式。

对茶性的科学认识，是科学饮茶的基础。所谓茶性，指的是不同茶类和产品的内在性质。包括共性和个性两个方面。要对不同茶的茶性有所了解，才能根据自己的具体情况选择不同的茶，以达到养生的目的。

人的健康状况，不仅由生理状况决定，还由精神状态决定。如果饮茶者仅仅注重茶的生理养生而忽视了精神养生的话，所得效果是非常有限的。

实际上，茶养生的不可替代性，更重要的在于其特殊的精神养生功效，而这种效果是以休闲方式实现的。所谓的“休闲”，指的是人们在紧张工作之余的一种休息放松活动。休闲的方式有很多，旅游、娱乐、体育、收藏、品茶等等，这些活动的最终目的都是让身心两方面，尤其是精神方面得到尽可能的放松和愉悦。休闲养生既是目的，又是一个过程，这一过程就是品味欣赏，这也是与职业性的评茶以及解渴时的喝茶不同的地方。

11 怎样理解武夷岩茶的精神养生?

茶的精神养生功效，主要体现在通过品茶活动，修身养性，达到一种超脱世俗名利的高尚精神境界。

日本茶道之祖，是公元 1141 年诞生于日本冈山的荣西禅师，在他的名作《吃茶养生记》中，不止一次地提道："吃茶则心脏强，无病也。""若人心神不快，尔时必可吃茶，调心脏，除愈万病也。"他的理由是"心脏是五脏之君子也，茶是苦味之上首也，苦味是诸味之上味也，因兹心脏爱此味。"

荣西的这种理论，源于中国古代的五行之说。五行说不仅将自然与人的各种物质分为五类，而且认为这五类之间存在着相生相克的关系。例如，心对应苦、舌、赤、火，等等。

茶在五行中属木，木可以生火；五味中属苦；心脏在五行中属火，五味中好苦；而舌与心互为表里，五色中属赤；茶性与心性相生相通互利，故吃茶可以强心，心强则五脏安，五脏安则生可养，寿可延……

所以，说吃茶养生，其实在于养心。而心又属神，养心即养神。到了这个层次，茶的功效，就从物质保健上升到精神养生了。事实上，由于岩茶的特殊性能以及相应的工夫茶冲泡方法，似乎更能调节人的精神状态，尤其是在生活节奏快、精神压力大的现代社会中，岩茶的精神养生作用更加明显。主要体现在三个方面：

一、调节良好心态

冲泡岩茶，需要较为复杂的程

● 茶的精神养生功效，主要体现在通过品茶活动，修身养性，达到一种超脱世俗名利的高尚精神境界。

序与技巧，不仅需用心学习，更需要耐心与细心，方能掌握；心浮气躁是永远学不会，也永远不能享受到其中乐趣的。而心浮气躁，是现代人的通病，非常不利于身心健康。通过冲泡品饮岩茶，可以调节你的心态，减少浮躁，保持平静。

二、提高交际能力

现代社会中，是否有较强的交际能力，已成为成功的重要因素。而与朋友或客人一起品饮岩茶，是一种理想的交际方法。有客来，为他沏上一杯清茶，立刻就让人感到你的善意；有好茶，请朋友一起品尝，让人感受你的知心；若是到茶馆去，一边听音乐，一边啜饮岩茶，可以享受多少忙里偷闲的乐趣；若是有二三朋辈，一边品岩茶，一边天南地北神聊，又可以宣泄多少平时积压的烦闷？

三、升华精神境界

人是有所追求的，而在现代社会充满诱惑，如果不善把握，很容易迷失自我。茶，则是使人保持清醒头脑的最佳饮料。茶不像酒，酒性如火，喝多了会乱性，所以古人有茶“最宜精行俭德之人”之说。而照我的理解，最宜的又何止是精行俭德之人？经常饮用岩茶，学会欣赏岩茶，深刻理解岩茶，你会为岩茶所包含的丰富色、香、味，以及文化内涵而惊叹，从而得到许多人生启示，使你变得更加有修养、更加有情趣、更加宽容，从而更加高尚、快乐起来。

冲泡技艺

1. 实用冲泡与茶艺表演有什么区别？

2. 有简单的武夷岩茶冲泡法吗？

3. 传统的工夫茶具有哪些？

4. 怎样选择适合冲泡武夷岩茶的茶具？

5. 为什么武夷山当地的水最适合泡岩茶？

……

01 实用冲泡与茶艺表演有什么区别?

实用冲泡，是指日常的实际冲泡方法。重点在于将茶泡得好喝，让人真正享受到茶给人带来的感官之美与心灵愉悦。武夷岩茶的质量，一靠特殊的风景区自然环境，二靠精湛的制作技艺。但这只是对成品茶的要求，如果不懂冲泡，或者说冲泡技巧不行，即使再好的岩茶，也无法充分展现它的美感。

对此，我有过许多的经验教训。开初冲泡岩茶时，因为不知道其中奥妙，经常把好茶泡得失了真味。后来慢慢掌握了冲泡技巧，即使用很简单的茶具，也能把茶泡好。武夷山茶农在制茶时经常说，“三分茶七分做”，就实用冲泡来说，道理也一样，“三分茶七分泡”。不过要做到这一点，只有充分了解各类茶性，不断认真学习，努力掌握不同实用冲泡技艺，尤其是工夫茶冲泡法，才能真正将岩茶的美好完全展示出来。

茶艺表演则与实用冲泡不同，虽然也是泡茶，但其重点在于表演，在于诉诸视觉和听觉。通过表演者优美娴熟的冲泡动作，以及茶具的展示、服装修饰、背景声光、文辞解说等辅助手段，展示茶艺表演的美，使人感到兴趣盎然，激发人们对茶的喜爱。

然而不管怎么表演，万变不离其宗，都是用视觉和听觉打动人心。表演者虽然也展示茶叶，也烧水泡茶，但一般不会用上品好茶，让观众品尝也是象征性的。

所以，茶艺表演与实用冲泡，各有特点，各有用处，只是主旨与形式不同。

02 有简单的武夷岩茶冲泡法吗？

与朋友谈茶时，常听他们说，武夷岩茶好是好，就是冲泡麻烦，程序多，茶具多……

实际上，这是一种误解。虽说岩茶的冲泡需要一定的程序和较多的茶具；但如果掌握要领，也可不必那么复杂。武夷山一带的农家，包括茶农，过去都没有工夫茶具，只有一只排球大的黑瓷大茶壶。平时冲泡，抓一把粗制岩茶，扔进壶里，冲进开水即可。要喝时就倒进饭碗里。有客人来，便随时倒一碗，客气的话就加一点冰糖，照样喝得津津有味。如果是冬天，就将那黑瓷壶放在一个稻草扎的桶包里，能保温一整天。

我常年喝岩茶，平时冲泡也很简单。一般是用紫砂壶或小盖碗冲泡后，倒进较大的瓷杯喝。如果还嫌麻烦，可以买一种三件套的瓷茶杯，其实就是平常的笔筒形盖杯，中间加一个瓷过滤器。冲泡时，只要将茶叶放进过滤器，冲进开水，盖上一两分钟后，开盖，取出过滤器，即可拿着茶杯，随意饮用。过滤器可放在倒翻的盖上，也可另备一只大小相宜的小杯小盘，专放过滤器。一杯茶喝完了，再如法继续冲泡一两次，半天也就差不多过去了。当然，这种泡法适合自己一个人喝。如果人多，我便用一种较大的配有不锈钢过滤网的圆形玻璃茶壶，这种茶壶叫“飘逸杯”，市场上很容易买到。用同样方法冲泡了，倒进小杯里请大家品饮。这种泡法也比较适合办公室使用。

如果还觉得麻烦，便像冲泡绿茶、花茶一样，用一只普通的杯子冲泡也行。需要注意的是茶叶不要放置太多，二三克即可。因为岩茶比绿茶耐泡，茶汤更浓酽。不过，这种泡法尽量不用。因为茶叶泡久了，一来茶汤发苦，口感不好；二来茶水太浓，不利健康。

03 传统的工夫茶具有哪些？

冲泡武夷岩茶最佳的方法是工夫茶冲泡法。要泡好工夫茶，第一件事就是选择适用的茶具。

早期人们使用的茶具比较简陋，一般都是粗制陶器。如果饮茶，一般是放在煮汤食的器具中煎煮后连叶带汁一起喝掉。这一用陶器煎煮茶叶的习俗，虽然已经过了几千年，但至今仍在一些偏远农村和山区中保留着。随着时代的发展和饮茶方式的改变，茶具也发生了变化。唐宋时期，茶具无论在材料还是形制上，都达到了一个高峰。前几年河南法门寺出土的一套唐代鎏金茶碾茶具，以及宋代以兔毫碗为代表的各类瓷制茶具，标志着当时茶具发展的水平。明代改团茶为散茶，冲泡方法也从点茶法变为瀹茶法，茶具也相应产生一个大的变化，标志就是产生了与工夫茶冲泡法相适应的工夫茶具。其中最讲究的是潮州工夫茶具。据翁辉东《潮汕茶经》称："工夫茶之特别处，不在茶之本质，而在茶具器皿之配备精良，以及闲情逸致之烹制法。"工夫茶的茶具，往往是"一式多件"，茶具讲究名

● 工夫茶的茶具，往往是“一式多件”，茶具讲究名产地、名厂家出品，精细、小巧，质量上乘，体现茶文化中高品位的价值取向。

产地、名厂家出品，精细、小巧，质量上乘，体现茶文化中高品位的价值取向。

最低限度的工夫茶具必须有“四宝”：孟臣罐、若琛瓯、潮汕炉、玉书碨。

相传惠孟臣为明末宜兴制壶名家，以制小壶闻名，其壶多为紫褐色，小巧玲珑，大小如握。壶底钤有孟臣，传至闽南、粤东，家喻户晓，称之“孟臣罐”。若琛相传为清代景德镇瓷器名匠，所制茶杯只有半个乒乓球大小，极为精致，杯底钤有“若琛”字样，因而称其“若琛瓯”。孟臣壶与若琛杯珠联璧合，被誉为“茶具双璧”，加上武夷茶，则为“三绝”。台湾史学家连横(1878–1936)《茗谈》云：“台人品茶，与漳、泉、潮汕相同……茗必武夷，壶必孟臣，杯必若琛。三者为品茶之要，非此不足以豪，且不足以待客。”“潮汕炉”乃选用高岭土烧制成的红泥小火炉，古朴通红，长形，高六七寸至一尺。“玉书碨”是扁形有把的陶壶，以广东潮安枫溪产的最为著名，用以烧水，古人谓之煮汤。水一开，壶盖会自动掀动，发出“扑扑”的声响，有极好的耐冷热剧变性能，相传为古代名为玉书的巧匠设计制造。

现代工夫茶具更加趋于精美与方便，特别是以电烧水器替代潮汕炉，既卫生又快捷。然而不管怎样变化，其泡茶基本要素依然保留。至少要一壶（小盖碗）、一茶海（公道杯）、三杯，讲究的，还要配以茶盘、茶巾、茶夹、茶拨、茶勺、茶荷等等，外加烧水器，且不只一套一壶，这就使冲泡工夫茶有了更多的情趣。

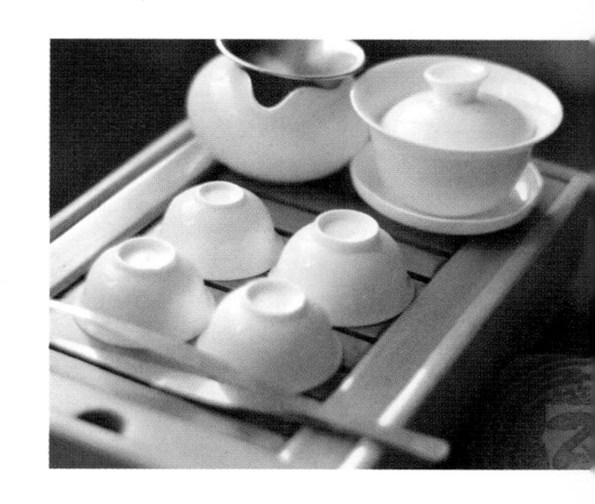

04 怎样选择适合冲泡武夷岩茶的茶具？

要冲泡武夷岩茶，首先要准备好必需的器具。此处介绍最常用的几种：

瓷盖碗

最常见的武夷岩茶茶具，就是小盖碗了。盖碗是一种上有盖、下有托、中有碗状如倒放铜钟的茶具，又称“三才碗”“三才杯”，盖为天、托为地、碗为人，暗含天地人和之意。小盖碗比京津沪和江浙一带流行的盖碗容水量小得多，约110–150毫升。不是端着喝，而是用来泡茶的。

用小盖碗作冲泡工具有三大好处：一是上大下小，注水出水方便；二是盖子小于碗口，便于凝聚茶香，还可用来刮除茶沫；三是有茶托不会烫手，也可防止从茶碗溢出的水打湿桌面。冲泡武夷茶的小盖碗和小茶杯，以景德镇或德化白瓷为佳，龙泉青瓷也不错。

紫砂壶

紫砂壶，又称宜兴壶。由于其烧结密致，胎质细腻，既不渗漏，又有肉眼看不见的微细气孔，可以吸附茶汁，蕴蓄茶味。紫砂壶有把手不致烫手，冷热剧变也不会破裂，还可放在火上炖烧。

紫砂器型繁多，有大中小三种形制，大品在300毫升以上，小品在200毫升以下。大品多在北方流行，而冲泡武夷岩茶的多为小壶，俗称“一把抓”。用于泡岩茶的小紫砂壶，一要壶口大，因岩茶条索较粗壮，大口壶便于纳茶；二要壶嘴出水流畅，以便控制泡茶时间；使用时应经常清洗，俗称“养壶”；最好多备几个，分别用于泡不同类型的茶，防止不同茶类相互串味。

玻璃茶海

茶海又叫公道杯，主要用于承接小盖碗或紫砂壶倒出的茶汤。形制多样，晶莹剔透，其中有一种还可直接加热，用于煮茶别有趣味。为便于观察岩茶汤色，最好选择无色透明、容量约250毫升的。

小瓷盅

用以分茶给客人品赏，最少要

● 瓷盖碗、紫砂壶、玻璃茶海、小瓷盅、烧水器、茶盘，共同构成冲泡茗茶的必需器具。除此以外，还应有一条专门用于拭水的茶巾，至于“四君子”之类，可有可无。

配三个。不过一般都会多配几个。小瓷盅约半个蛋壳大小，以白瓷为佳。前几年还流行一种圆筒状的所谓“闻香杯”，只是增加趣味，并非必配。

烧水器

烧水，古人称之为“候汤”，而且认为候汤最难。因为古代烧水用的是炭炉陶壶，判断水是否烧得恰到好处全凭耳朵听，太嫩了不行，太老了也不行，所以有此一说。

武夷岩茶讲究的是现烧现冲，所以就必须要有烧水器。现代烧水器主要以电热烧水器为主。常用的有三种：电热器、电磁器、电陶器。基本形制是一个电热盘或电磁盘，再加一个烧水壶，复杂一些的还配有消毒锅等。

有的电热器装有自动温度控制器，水沸后即自行停止烧水。电磁器与电热器相仿，一般用铁合金水壶烧水。电陶器不能用铁制水壶，但可用陶瓷或玻璃水壶。

除此以外，近年来还流行日式铸铁烧水壶，与之配套的是电炉丝烧水器，烧水时电炉丝发出红光，铁壶冒出白汽，嘶嘶微响，别有一番意趣。

茶盘

茶盘，又称茶船，就是盛放茶壶、茶杯、茶道组、茶宠乃至茶食的浅底器皿。它可以很大，也可以很小，形状可方可圆，还可异形；一般有排水孔，用一根塑料管连接，排出盘面废水，但茶桌下需要一桶相承；其选材广泛，金、木、竹、陶皆可取。

金属茶盘最以实用见长，但比较呆板，缺少意趣，且与精致的工夫茶具不相配，所以多用于冲泡工作茶；特殊石材，如玉、端砚石、寿山石等制作的茶盘古朴厚重，别有韵味，但其硬度高，使用时需小心，最好有壶垫杯垫相托，以免碰裂紫砂壶、瓷杯等；竹、木材质的茶盘自然雅致，与工夫茶具极为相配。且竹之清寂、谦恭、直而有节，可表茶道取法自然、天人合一之意，历来为中国文人所推崇，所以近年来比较流行。另有一种干泡法茶盘，形制较小，无出水口，只能摆一只茶壶、二三只小杯，其功能相当于茶托。需冲泡技巧熟练者才能使用。

其他

除了上述必须茶具，还应有一条专门用于拭水的茶巾，至于“四君子”之类，可有可无。

05 为什么武夷山当地的水最适合泡岩茶？

品过武夷岩茶的消费者常常遇到一种情况，同样的茶，用武夷山当地的水冲泡特别好喝；若是带到外地，特别是北方地区，用当地的水冲泡，往往感觉不如在武夷山的好。我本人也有过这种经历。有一次，我将上品武夷水仙带到北京马连道茶叶市场，想找一家茶庄泡茶，谁知连走三家都泡不好。茶庄主人认为是茶不好。我很不服气，明明我用武夷山的水泡很好，怎么一到北京就变味了？后来我又找了一家专卖武夷岩茶的店，结果就很好。我问茶庄主人怎么回事，他说北京的矿泉水有很多种，有的适合泡岩茶，有的不适合。他也是经过一番摸索寻觅才找到合适的。

那么，什么样的水才算是泡岩茶的好水呢？

古人对泡茶用水非常讲究，也有许多论述。唐代陆羽《茶经》中说，“山水上，江水中，井水下”。宋代宋徽宗的《大观茶论》中，有一章专门论水，以为“清轻甘洁为美”，因为“清甘”能体现水的自然本质，

● 近年来，武夷山抽取花岗岩深处水源，创制“武夷山”牌饮用天然矿泉水。经福建地质部门鉴定，是国内少见的未受污染的优质矿泉水之一，是冲泡岩茶的最佳水之一。

最好。所以，取水当取“山泉之清洁者”。如果是江河之水，有“鱼鳖之腥，泥泞之污”，虽然看起来清甘，也不能使用。

清代乾隆皇帝爱茶精茶，深知水对泡茶的重要，以至于专门制作了用于检量泉水的银斗，每到一地，便命令内侍取当地的水来测量，以一斗水的重量确定水的好坏。乾隆的原则是以轻为上，结果是京郊玉泉之水分量最轻，于是便将其定为“天下第一泉”。这些论述水质的著作文章，对今天我们的泡茶择水都有很大启示。

事实上，武夷山茶人泡茶一般都是用自来水直接泡，据他们说，因为武夷山的自来水基本上都取地下水，很少用漂白粉。武夷山水质好首先得益于森林覆盖率高，自然生态环境良好；其次没有工业污染；其三，武夷山人常说，什么水养什么茶，武夷岩茶是靠本地水滋润长大的，水在形成特殊岩韵的过程中起到重要作用。

而整个北方地区的水质皆不适合泡岩茶。所幸的是，近年来，武夷山抽取花岗岩深处水源，创制“武夷山”牌饮用天然矿泉水。经福建地质部门鉴定，是国内少见的未受污染的优质矿泉水之一，是冲泡岩茶的最佳水之一。这就让更多的外地消费者得以用好水冲泡好茶，品尝到地道武夷岩茶的韵味。

06 外地茶客怎样选择泡茶的水？

尽管武夷山当地的水很好，但对大多数身处外地，尤其是北方的茶客来说，要用武夷山的水泡岩茶，毕竟不容易。况且今天的情况与古时有很大不同，随着工业化和城市的发展，自然环境与数百年前有了很大变化，水质情况也发生了很大变化。古人所评的“天下第一泉”“第二泉”之类，有许多已近枯竭。江河水，不要说黄河、长江、淮河这些大江河，就连南方的珠江、闽江这些较小的河流，除了在源头的一些地方，一般流段都受了污染，不能直接饮用了。所谓的井水，大多城市中，连井都没有了，哪还能去汲水？

城市中一般用的是经过氯消毒的自来水，有明显的异味。还有一些自来水铁质含量高，用于泡茶茶水会变黑，用这些水泡茶，绝对会破坏茶味。自来水不好，寻找古人所说的好水又不现实。怎么办？

其实，只要稍为留心，这个问题还是能解决的。近年来，各地都在发展饮用水工程，城市居民首选的是桶装水。但需注意，不管什么品牌的，都要先闻一闻、尝一尝，没有异味、口感好的才是适合泡茶的。如果经济条件许可，最好是选择优质桶装纯净水，因为纯净水经过处理，多为软水。曾有人说纯净水经过处理已经没有营养，不利健康，这纯属外行胡说。而一般矿泉水中矿物质含量较高，用于冲泡武夷茶，容易出现涩感。

在我所用过的优质泡茶水中，除了武夷山本地水，还有一种来自

● 近年来，各地都在发展饮用水工程，城市居民首选的是桶装水。但需注意，不管什么品牌的，都要先闻一闻、尝一尝，没有异味、口感好的才是适合泡茶的。

喜马拉雅山的冰川水，用来泡岩茶非常好，不过这种冰川水价格较高。

比较经济实惠的是自己安装净水器。一种是直接安装在自来水管出水口的。如果使用这种过滤水泡茶，应选择软水过滤器，而不宜用矿物质水过滤器；另一种是较为简单的过滤水壶，壶里有一个小型过滤器，将自来水倒进壶内，经过滤后即可使用。

一些南方城市的自来水，因为水源的水质大多较好，氯味很轻，用于泡茶也是可以的。但是这种自来水最好要先“养水”——准备一个大小适中的容器，最好是陶缸或杉木桶，没有的话就用不锈钢、搪瓷，甚至塑料桶都行，将自来水接到容器中，静置 24 小时后，舀出上层的水来冲泡茶叶，效果也不错。

如果居住地附近有可以饮用的山泉水或者井水，那就最好不过。每天清晨花一些时间和力气，走一段路去汲取。你所得到的，就不仅是泡茶用的好水，而是全身心的锻炼与放松了。

07 武夷岩茶可以煮吗？

武夷岩茶当然可以煮。

将茶叶入水烹煮的方法，古已有之。汉魏南北朝至初唐，主要是直接采茶树生叶烹煮成羹汤而饮，唐以后则以干茶煮饮，往往加盐、葱、姜、桂等佐料。

唐代以后，制茶技术日益发展，饼茶（团茶、片茶）、散茶品种日渐增多，但煮茶旧习依然。宋代，苏辙《和子瞻煎茶》诗有“北方俚人茗饮无不有，盐酪椒姜挎满口”，黄庭坚《谢刘景文送团茶》诗有“刘侯惠我小玄壁，自裁半壁煮琼糜”。明清迄今，煮茶法主要在北方少数民族中流行。但是近年来在武夷山地区，又有人开始煮茶了。

由于武夷岩茶茶青采摘较粗老，煮茶方法与古代煮茶法有许多不同。

武夷岩茶以耐泡著称，典型的说法是“七泡有余韵”，而上品岩茶泡个十来道也没问题。不过，开初几泡一般不会用来煮。武夷山人常说“一泡水，二泡茶，三泡四泡是精华”；用工夫茶冲泡法，不仅是三四泡，即使五六泡，香与水依然很好，只有到了七泡之后，韵味方开始减弱。此时，才会将茶投入水中去煮。

煮茶的壶用普通烧水壶即可，近年来出现专门用以煮茶的透明玻璃壶，别有一番情趣。煮茶的时间不宜长，二三分钟即可。此时的香气，已经从幽雅的花果香转化为浓重的类似木质的茶本香，茶汤滋味则从甘醇转变为清爽。一边看着茶壶里茶叶随着沸水上下翻滚，一边闻着氤氲弥漫的茶香，品赏岩茶的另一种韵味，又是一番美的享受。

08 什么是“坐杯”？

顾名思义，坐杯就是坐着等杯中的茶泡好。实际上就是茶叶在水中浸泡的时间。即冲即出就是不坐杯，冲下水后等一段时间就是坐杯。

冲泡武夷岩茶特别讲究坐杯，坐杯的时间长短并无定数，主要是根据岩茶的具体特点，以及茶壶盖碗的容量大小而确定。

一泡武夷岩茶的投茶量一般4–10克，这在岩茶的小包装上都有标明。这几年走红的大红袍小罐茶

一泡是4克，一般的岩茶一泡是7克左右，最多的一泡10克左右。在茶具大小同样的情况下，无论投茶量多少，开初几泡都应随冲随出，但泡到五六次之后，茶汤会明显变淡，此时就应稍稍坐一下杯，约二三秒。需要注意的是，有些人误认为投茶量多出汤要快，投茶量少就要坐杯。其实武夷岩茶一泡投茶量多少，是根据不同消费者口味设计的，小罐茶是考虑到都市中口味淡的消费者需求；而投茶量10克的，则是考虑到口味重的消费者需求。

茶具的容量大小也是决定是否要坐杯的重要因素。武夷岩茶使用的冲泡茶具是小盖碗或小紫砂壶，容水量较小，这是武夷山茶人长期冲泡实践总结出的经验。但对于外地消费者来说，一时并不能体会其中奥妙，常常会使用较大容量的壶碗。北京人喝茶时使用的“三才碗”容量在200毫升左右，这种容量对于习惯于喝绿茶或花茶的人来说不算什么。因为绿茶、花茶比较清淡，冲下水直接端起碗来喝即可。而武

● 坐杯就是坐着等杯中的茶泡好。实际上就是茶叶在水中浸泡的时间。即冲即出就是不坐杯，冲下水后等一段时间就是坐杯。

夷岩茶比较浓烈，如果以这种泡法冲泡，口感肯定不好，所以必须用工夫茶冲泡法。

紫砂壶的情况也差不多。我到宜兴时，看见他们平时使用的多是容量 250 毫升以上，甚至更大的，几乎没有人用工夫茶的小壶，工匠们也不愿意做小壶。再看他们喝的茶，不是红茶，就是绿茶，冲泡后直接倒到茶杯里喝，很少人用工夫茶泡法。

上海人也喜欢喝茶，我时常看到一些司机座位旁带着一个大玻璃杯，出门时抓一泡茶下去，灌满水，死泡着，能喝个半天。

此时我就在想，如果武夷岩茶这样冲泡着喝的话，哪还有什么岩韵？其实，如果知道岩茶的特点，即使用较大茶具冲泡，在投茶量不变的情况下，只要掌握坐杯时间，从 10–30 秒不等，及时出汤，也可以泡出好滋味。

09 为什么头泡茶常常留着最后品？

冲泡武夷岩茶时，常常有人把头泡茶汤倒掉，说是要“洗茶”。洗茶，顾名思义，就是认为头泡茶不干净，所以不能喝。

这种认识也是一种误区。武夷岩茶在加工制作过程中非常讲究卫生。一般的茶厂，从制作起，就奉行“茶不落地”原则，特别在精制时，经过拣剔、筛选，基本做到无杂物无灰尘。再加多次焙火，什么样的细菌都被杀死了。哪还需要洗茶呢？相反的，内行茶客倒是常常将头泡茶汤先倒到别的容器放着，等到泡结束时最后来品尝。

为什么要这样喝呢？凡品尝过头泡茶的人都会觉得，岩茶的头泡茶汤比较浓，香气也不强，甚至还有明显的火功味。其原因并不是茶不好，而是岩茶的特殊冲泡方法所致。大家知道，岩茶因为茶青比较粗老，制作时经过摇青、揉捻，茶青边缘破损，茶汁流出，附在茶青表面，经过杀青、焙火，这才成为条索形状固定下来。冲泡岩茶时，一般是用沸水即冲即出，茶叶还未能充分舒展，香气和内含物质尚未全面释放，所以武夷山人会说“头泡水，二泡茶，三泡四泡是精华”。不过，我认为，头泡茶还是茶，只是不够完美而已。但若是放至最后，茶汤变凉了，那时再喝，香气滋味便都有了。

我有一位喜欢精致生活的茶友，他把自己的茶室取名作“冷香斋”，他的解释是，茶汤凉时再品，别有一种风味，所以他喜欢“冷香”。我觉得，他说的不无道理，也许这就是常有人将头泡岩茶汤留着最后喝的重要原因吧。

10 怎样“啜茶”？

啜茶又叫嘬茶，是充分品味武夷岩茶韵味的一种品饮方式。在武夷山，茶人们品茶时并不像普通人一样将茶一饮而尽，而是微撮起嘴唇，“嗖”地吸一口，然后在口腔中数次回漱，再徐徐咽下。整个过程会不断地发出声响。这，就是所谓的“啜茶”。啜茶是欣赏、审评茶汤滋味质量的重要方法。茶汤经过品啜，能够在最大层面上与口腔各部分接触，刺激味觉，促使口腔生津，而当津液与茶汤有机结合后，茶汤的内含成分可以得到最大限度的释放，从而充分体现韵味，为判定茶叶质量提供最直接的感官依据。早在清代，就有文献记载岩茶的品啜方式，袁枚在《随园食单》中写下了“上口不忍遽咽，先嗅其香，再试其味，徐徐咀嚼而体贴之……”这就是典型的啜茶法。啜茶的功夫高低因人而异。有的茶人一啜茶汤，香气、品种、滋味，甚至山场、海拔、制作水平、制茶师的心情好坏，立马可知。一位武夷山的资深茶师告诉我：“茶只有慢慢品，才能喝出其中滋味。一杯茶喝进去，体验感会从外而内地产生，仿佛茶与身体有交流一般，产生一种非常奇妙的自然与身体融合的体验。”通过啜茶，“可以将茶汤迅速吸入口中，让茶汤呈喷雾状散发在每个味蕾上，让舌尖上的每个味蕾都能感受到这款茶的香气滋味，提高审评的精准度。”我开初接触武夷岩茶时，看见老茶师们吸溜吸溜地啜茶，感到很不习惯，喝一杯茶弄出那么大的声响动静，有那个必要吗？后来慢慢明白啜茶的道理，于是也开始学着吸溜起来，果然有了完全不同的体验。凡是好茶，基本都是越啜越好。但我不敢苟同的是，一些男茶师在啜茶时发出的声响太大，几乎肆无忌惮；女茶师们的声音就小得多。我也曾试着大声吸溜和小口啜饮，感觉效果差不多。唯一需要注意的是，当你小声品啜时，心要更静，回漱、吞咽要更慢。

11 实用岩茶冲泡有什么要点？

如果你准备好了适用的茶具和适合泡岩茶的水，就可以开始泡茶了。

最适合泡岩茶的方法当然是工夫茶泡法了，其冲泡原则在于：缓而不断，先淡后浓。所谓“缓而不断”是指冲泡的动作应不急不躁，心静意连，一气呵成；所谓“先淡后浓”，是指冲泡时开初宜淡，然后根据口感调节浓度。

基本程序有这么几道：

1. 投茶

在小盖碗里投入干茶，量在5–10克之间。我一般投放7克。

2. 烧水

烧水壶置水不宜满，约三分之二壶即可，冲泡的水随烧随泡，大沸即止。

3. 注水

壶嘴距盖碗不宜太高，约10厘米以内。应从碗边绕着圈徐徐淋下，待水七八分满时再将壶提起，点冲一下即可。

4. 刮沫

注水后用碗盖刮去茶汤上浮起的泡沫，沸水淋净后再加盖。

5. 出汤

时间一般宜快不宜慢。随冲随出，不能留根，应滤净碗中茶汤。如欲汤浓则时间可长些，欲淡则快些。尤其是高档岩茶，应以淡雅为上。但不管怎样都不能像专业审评茶叶一样浸泡几分钟再出汤。

● 武夷山的余泽岚先生曾将冲泡岩茶的原则归纳成三点，即“好水、沸水、快出水”，我觉得极为简要精当，值得好好体会。

6. 分茶

将茶汤倒在公道杯中再分到小茶盅里，一般遵循“酒满茶半”原则，倒半盅即可。

7. 品啜

如此，便可开始品饮了。不宜一口喝光，应先闻香气，然后分三小口啜饮。

以上是以小盖碗冲泡为例，若是用紫砂壶冲泡，要点与步骤都一样，唯一不同的是出汤时间要更快一些。

武夷山的余泽岚先生曾将冲泡岩茶的原则归纳成三点，即“好水、沸水、快出水”，我觉得极为简要精当，值得好好体会。

12 武夷岩茶的茶艺表演有哪些特点？

茶艺表演脱胎于实用冲泡，注重的是如何将泡茶程序与动作艺术化，使其尽可能地成为一种艺术。在长期的茶艺实践中，武夷岩茶也形成了一整套具有自身特点的茶艺表演，为人们提供了一种新的高雅审美享受。

武夷岩茶茶艺表演首推黄贤庚创编的，共有 27 道，详解如下：

1. 恭请上座

客在上位，主人或侍茶者沏茶，把壶斟茶待客。

2. 焚香静气

武夷茶艺追求的是一种宁静的氛围。焚点檀香就是以此为目的，造就幽静、平和的品茶氛围。

3. 丝竹和鸣

低声播放古典音乐，以古琴曲为佳，使品茶者进入高山流水的精神境界。

4. 叶嘉酬宾

叶嘉是宋代大词人苏东坡用拟人笔法对武夷岩茶的代称，意为茶叶嘉美。叶嘉酬宾即将武夷岩茶干茶置于茶斗里，给来宾观赏。

5. 活煮山泉

泡茶用流动的山溪泉水为上，活火煮到上下沸腾，发出哗哗松涛声即可。

6. 孟臣沐霖

孟臣是明代紫砂壶的制作家，后人为了纪念他，即把名贵的紫砂壶称作“孟臣壶”。孟臣沐霖即烫洗茶壶。如用小盖碗冲泡，亦需先烫洗一番。

7. 乌龙入宫

通过茶斗和茶勺将茶叶轻轻拨进紫砂壶或小盖碗内，岩茶条索乌黑细长，状如小乌龙。宫，即壶或碗。入宫的茶叶量因人而异，嗜浓者可多加，喜淡者则少放。

● 茶艺表演脱胎于实用冲泡，注重的是如何将泡茶程序与动作艺术化，使其尽可能地成为一种艺术。武夷岩茶茶艺表演首推黄贤庚创编的，共有27道。

8. 高山流水

“悬壶高冲”，即高冲水，水壶高悬过肩，再将沸水冲下，使茶叶随水翻滚。这一动作主要是为了表演，因此动作比较夸张。

9. 春风拂面

用茶壶盖或碗盖轻轻刮去茶水表面泛起的茶沫，喻为春风拂面。

10. 重洗仙颜

用沸水浇淋茶壶的外表，既可以烫洗茶壶的表面，又可提高壶内的温度。“重洗仙颜”为武夷山一处摩崖石刻，借寓洗去茶人凡尘之心。

11. 若琛出浴

清代江西景德镇有位名叫若琛的烧瓷名匠，他烧出的白瓷杯小巧玲珑，薄如蝉翼，色泽如玉，极其名贵，后人为了纪念他，便把小白瓷杯喻为“若琛杯”。“若琛出浴”即将小茶杯用沸水温烫。

12. 游山玩水

将茶壶底靠茶盘沿旋转一圈，用茶巾吸干壶底茶水，防止滴入杯中。

13. 关公巡城

斟茶时，为了避免浓淡不均，应依次往各杯巡回点斟，这一过程被喻为“关公巡城”。

14. 韩信点兵

斟倒茶水时，务必全部倒干。斟完还需点斟三次，喻为“韩信点兵”。“关公巡城”和“韩信点兵”，一是为了保持每杯茶水的浓淡均匀，二是表示对各位来宾的平等与尊敬。

15. 三龙护鼎

用拇指、食指扶杯，中指托住杯底，这样握杯既稳妥又高雅，被喻为“三龙护鼎”。

16. 鉴赏三色

即认真观看茶水由杯内圈至外圈的三种不同颜色变化。

17. 喜闻幽香

即嗅闻岩茶的幽雅香气。

18. 初品奇茗

观色、闻香后，开始品尝茶味。

19. 再斟兰芷

即斟第二道茶。“兰芷”泛指岩茶。宋代范仲淹诗有“斗茶香兮薄兰芷”之句。

● 经过多年的完善与许多茶艺师的创新，武夷山茶艺呈现出了多种形式百花齐放的局面，为来武夷山的游客增加了一道秀色大餐。

20. 品啜甘露

品饮武夷岩茶时，应小口细啜。初饮时，你会感到有些浓苦，但通过啜饮，清新甘甜之感便油然而生。

21. 三斟石乳

即斟三道茶。“石乳”，岩茶之名。

22. 领略岩韵

即慢慢地领略岩茶的韵味。

23. 敬献茶点

奉上品茶之点心，一般以咸味为佳，因其不易掩盖茶味。

24. 自斟慢饮

即让客人自斟自饮，同时品尝茶点，进一步领略情趣。

25. 欣赏歌舞

茶歌舞大多取材于武夷山民俗活动。三五朋友品茶则吟诗唱和。

26. 游龙戏水

选一条索紧致的干茶放入杯中，斟满茶水，仿若乌龙在戏水。

27. 尽杯谢茶

起身喝尽杯中之茶，以感谢茶人与大自然的恩赐。

除此以外，经过多年的完善与许多茶艺师的创新，武夷山茶艺呈现出了多种形式百花齐放的局面。或以故事串连，或以诗词见长，或载歌载舞，但要旨与基本程序均不离此。为来武夷山的游客增加一道秀色大餐。

13 什么是“点茶”？

点茶法始于唐代，流行于宋代。宋代点茶，源于特殊的龙凤团茶。元代至明代前中期，仍有点茶。朱元璋十七子、宁王朱权《茶谱》序云：“命一童子设香案携茶炉于前，一童子出茶具，以瓢汲清泉注于瓶而饮之。然后碾茶为末，置于磨令细，以罗罗之。候汤将如蟹眼，量客众寡，投数匕入于巨瓯。候汤出相宜，以茶筅摔令沫不浮，乃成云头雨脚，分于啜瓯。”

明朝后期，散茶兴起，瀹茶法流行，点茶逐渐消失。

点茶法的主要程序有备器、洗茶、炙茶、碾茶、磨茶、罗茶、择水、取火、候汤、热盏、点茶（调膏、击拂）。

冲泡龙凤团茶，需要特殊的茶具与技艺，主要茶具有十二种，宋代人戏称为“十二先生”。

1. 韦鸿胪：烧水用的茶炉。

2. 木待制：用以敲碎茶饼的砧与椎。

3. 石运转：把敲碎的茶饼碾成粉的石磨。

4. 胡员外：用葫芦做的水勺，一勺即一碗盏量。

5. 罗枢密：即筛茶用的茶罗，罗底用上好的绢布制作得越细越好。

6. 宗从事：用棕绳做的茶刷。

7. 漆雕秘阁：即盛茶末用的盏托，“漆雕”是复姓。

8. 陶宝文：即产自福建的兔毫盏，盏色贵青黑，玉毫条达者为上。凡欲点茶，先须熁盏令其热，冷则茶不浮。

9. 汤提点：即汤瓶，指候汤时的水瓶。

10. 竺副师：即用竹子做的茶筅，可直接入盏内击拂点茶，亦可先在大茶盏中点好，然后分酌。

11. 郑当时：指茶匙，除击拂点茶之用外，还有量舀茶末入盏的

● 点茶法始于唐代，流行于宋代。宋代点茶，源于特殊的龙凤团茶。明朝后期，散茶兴起，瀹茶法流行，点茶消失。

茶则的功能。

12. 司职方：即清洁茶具用的茶巾。孔子曰：“人洁已而来，当与其洁也”。

点茶的主要程序有七道（根据宋徽宗的《大观茶论》所记）：

1. 碾茶

先把茶饼放在木砧上用木槌敲碎；然后用碾槽或者石磨仔细碾成粉末；随碾随用，不宜放置，茶粉才能保持色白如雪，香味新鲜。

2. 罗茶

将碾过的茶末用绢制的细罗筛过，使茶末更细更匀更白。

3. 候汤

烧煮开水。宋代人喜欢用瓷器汤瓶放在火上烧煮开水，靠瓶中发出的水声辨别是否烧开。点茶的水要用流动的山泉水，再用炭火来煮。这就是“活水活火煎团茶”。

4. 熁盏

点茶时，先将茶碗洗净，然后放在炉火上轻轻烘烤，感到温热即可。这道程序的作用是有利于及时发散茶香。茶盏以建盏为佳。

5. 调膏

将筛好的茶面放进熁好的大茶碗里，将煮好的沸水倒进较小的瓷水注，先倒少许快速调研成膏。

6. 击拂

将水注入茶碗，注水时注意要从碗边回旋而下，边注边用茶筅反复搅拌击打，直到汤面起沫。沫饽越多越白则越好，时间持久者为上。

7. 分茶

将泡好的茶用勺舀出，分到小盏中请客人品饮。分茶时要轻，要匀，要浅。

点茶法传到日本之后，经过日本茶人的改进完善，形成特有的日本茶道的主要冲泡方法，流行至今。

元 · 赵原《陆羽烹茶图》（局部）

14 “茶百戏”是什么?

“茶百戏”又称分茶、水丹青、汤戏、茶戏等等，是一种能使茶汤纹脉形成物象的民间艺术，其特点是仅用茶和水不用其他的原料在茶汤中写画出文字和图像。

茶百戏始见于唐代，到宋代发展到了极致。陶谷在《荈茗录》中记载：“百茶戏……近世有下汤运匕，别施妙诀，使汤纹水脉成物象者，禽兽虫鱼花草之属，纤巧如画，但须臾即就散灭。”元代后分茶逐渐衰落，清代后至今未见分茶的详细文献记载。

近年来，武夷山茶人从日本茶道的点茶法和点茶工具得到启发。经过研究，恢复了这一古老文化遗产。2005 年起通过对团饼茶制作、抹茶加工和分茶技巧进行几百次的试验，终于在 2009 年春，初步掌握了分茶技艺，并突破仅能用绿茶演示分茶的局限，可以用红茶、黄茶、白茶、乌龙茶、黑茶等其他茶类演示分茶，表现中国风格的山水花鸟图案和文字。图案保留的时间也延长到 2 至 6 小时。

我曾多次观看现代茶百戏的表演过程，最后发现其原理与欧美的鸡尾酒相类。鸡尾酒以不同浓度与颜色的酒，按一定比例与程式配置混合，于是便出现一种五颜六色的

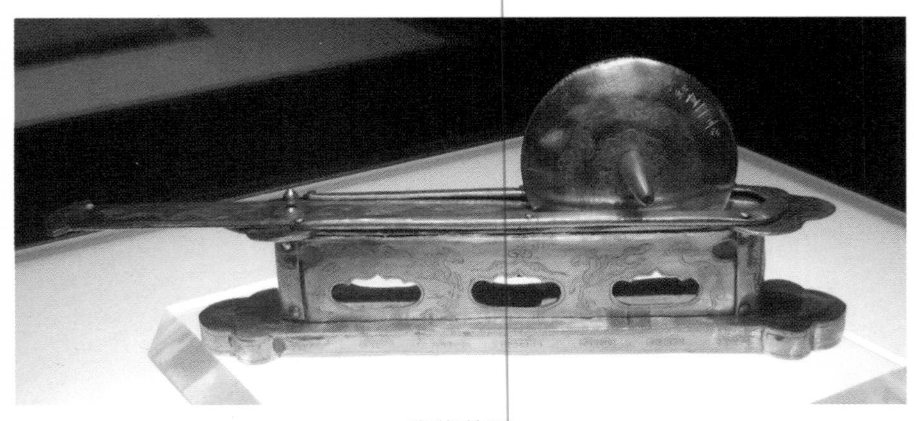

唐代茶碾

● “茶百戏”又称分茶、水丹青、汤戏、茶戏等等，是一种能使茶汤纹脉形成物象的民间艺术，其特点是仅用茶和水不用其他的原料在茶汤中写画出文字和图像。

斑斓绚丽，给人新的视觉冲击。茶百戏虽然使用的原料是茶末冲泡的茶汤，较之普通茶汤浓稠。以一种茶汤为底，再以颜色和浓度不同的茶汤相配，既可用毛笔蘸着写画，也可用特制的细长嘴小茶壶作工具，经过练习，便可随心所欲以茶汤为纸做出美妙的书画。

茶百戏表现字画的独特艺术形式，在同一茶汤可以变换图案多次，其新颖独特的表现力特别适于表现中国传统风格的山水花鸟图案，对观众具有较大的吸引力。同时，茶百戏亦有独特的品饮价值，既可用抹茶通过点茶法欣赏和品饮，亦可用团饼茶末冲泡品饮，较之现代的泡茶法可获得更多不溶于水的营养成分，如谷蛋白、维生素、矿物质、纤维素等，具有较高的保健功效。只是在口感方面稍差。

武夷山的茶百戏经中央电视台、台湾东森电视台、台湾中天电视台、东南电视台和香港文汇报等新闻媒体报道，以及多种类型茶博会的展示交流，引起极大反响，现已列入武夷山市非物质文化遗产。

15 什么是“斗茶”？

斗茶始于唐代，当时称为“茗战”，在宋代武夷山茶区极为盛行。斗茶实际上就是新茶制成后，茶户评比新茶的活动。现在则演变为产茶区有组织的评比茶叶品质的活动和茶人们的一种娱乐活动。

古代斗茶在北宋范仲淹的《斗茶歌》中描述得非常具体。现代斗茶则大体上有两种类型：一是由官方或有关方面组织的，旨在通过评比活动，提高茶叶质量，扩大茶叶影响，推动茶业发展的大规模赛事，所以有的也叫“茶王赛”；二是民间自发进行的比较茶叶优劣的娱乐活动，一般规模较小，二三人即可进行。

目前武夷山地区大规模的茶王赛首推武夷山市举行的海峡茶博会斗茶赛，斗茶赛组委会由官方有关机构组成，由政府茶叶部门领导担任主任，评委则由省地市三级茶叶专家组成，同时还特邀国内著名茶叶专家以及省地市有关领导为顾问。事先制订严格的斗茶赛活动方案和规则并公之于众，参赛者在规定期限内送茶样。茶样收齐后一般于茶博会期间进行赛事，经评委按照专业评审方法严格评选后打分，得分最高者获一等奖，奖金数目不小。其他得奖者均有不同金额的奖金与奖杯、奖牌。获奖茶样均由组委会统一收购，有时还当在当场进行拍卖。

由于茶博会斗茶赛的规格高、影响大，所以每次参赛者都非常踊跃，送赛茶样往往有几百种。斗茶时，除评委评审外，还允许普通爱好者在外围品鉴，所以斗茶赛场所往往人头攒动，热闹非凡。斗茶赛开幕与发奖闭幕时，还经常伴有各种民间歌舞杂技表演，使得斗茶赛更为生动有趣，体现了一种浓烈的文化氛围。

● 斗茶始于唐代，当时称为“茗战”，宋代极为盛行。斗茶实际上就是新茶制成后，茶户评比新茶的活动，现在演变为产茶区有组织的评比茶叶品质的活动和茶人们的一种娱乐活动。

除了茶博会斗茶赛外，还有武夷山天心村斗茶赛、茶业同业公会的民间斗茶赛、星村镇的茶王赛等。规模档次虽然不及茶博会斗茶赛，但程序与方法大同小异。武夷山市天心村被誉为武夷岩茶“第一村”，在进行斗茶赛的几天里，每天都有几千人从各地赶来参加。位于武夷山北景区入口处的天心村广场上，彩旗飘扬，人头攒动，十分热闹，成为武夷山每年八月间的一道亮丽风景。

天心村斗茶时，大众评审占茶样总分的30%。举凡有意参加者，无论本地茶客还是外地游客，也无论是资深茶人还是茶场新手，都可以对参评的茶样进行自由打分，最后汇总到评委会统计筛选。大众初评出茶样后，再由专家进行封闭式审评，一般是按武夷岩茶的不同品种，分别评出等次，最后宣布结果，发放奖金。

在正式的大规模斗茶赛之外，更多的是爱茶者们自发进行的小规模斗茶活动。斗茶地点多在茶馆茶庄，斗茶者三五人，亦有一些旁观者。斗茶的目的不为输赢，只为品评茶的高下。参斗者将各自寻到的好茶拿出来相互对比。有的按专业审评方法评比，有的则按平时冲泡方式评比，并无一定规则。只以同样的投茶量、同样的茶具、同样的水、同样的冲泡操作者进行。斗茶的品种少则数种，多则一二十种。旁观者亦可作为评比者发表意见。如此经过比较，茶品高低一般立见分晓。胜者自然高兴，败者也为品到了更好的茶同样高兴。所以，这种斗茶更多的是游戏性质，既能给参斗者带来乐趣，也能从中学到品鉴知识，提升自身水平。

有时候，参斗者本身就是制茶者。制茶者一般都有“自家孩子自家爱”的心态，对自己制的茶颇为自得。茶馆茶庄里的人则多数是不制茶的爱茶者，他们的评鉴虽然不专业但比较客观。能使制茶者更深地了解自己所制茶的优缺点，同时了解消费者和市场的趋向。若有心，亦能从中得到许多启示。

鉴赏与选购

1. 审美鉴赏与专业审评有什么区别？
2. 前人如何评说「岩韵」？
3. 如何从感官上体会岩茶的「韵味」，岩韵的特点和妙处在哪里？
4. 鉴赏岩茶的基本方法有哪些？
5. 什么是「回甘」和「喉韵」？

……

01 审美鉴赏与专业审评有什么区别？

武夷岩茶的审美鉴赏，就是将茶当作一种美的艺术品而不是一般的生活必需品来品赏。既然是审美，就需要掌握一定的美学知识。审美鉴赏主要诉诸个人主观感觉，由于鉴赏者的爱好与修养不同，同一种茶在不同的鉴赏者之间可能产生极大的差异；鉴赏者未必要掌握专业审评知识与技能，却应有一颗爱美审美之心，同时具备一定的审美常识，这样才能充分欣赏到武夷岩茶之美。审美鉴赏既贯穿于实用冲泡，也体现于茶艺表演。只不过实用冲泡更注重品饮，茶艺表演则侧重将泡茶程序与动作艺术化。

专业审评（这里主要指感官审评），与一般审美鉴赏的最大不同之处，就是它的专业性。如果说，一般鉴赏更多地诉诸感性，带有主观色彩的话，那么专业审评就更多地诉诸理性，要尽可能客观、公正。武夷岩茶的专业审评，必须由经过专业训练的评茶师，根据规定的程序和标准，对茶叶质量进行分析和评定，以求对每一泡武夷岩茶做出科学的客观评价。

我国的茶叶以及武夷岩茶的专业审评，是在外销茶审评基础上形成的标准体系。近年来随着内销茶份额的增加，专业审评的标准与方法有了一些新的要求，专业审评师应当充分注意这些变化，努力提高自身素质，以适应新的情况。

大红袍感官品质（GB/T 18745）				
项目		特级	一级	二级
外形	条索	紧结、壮实、稍扭曲	紧结、壮实	紧结、较壮实
	色泽	带宝色或油润	稍带宝色或油润	油润、红点明显
	整碎	匀整	匀整	较匀整
	净度	洁净	洁净	洁净
内质	香气	锐、浓长或幽、清远	浓长或幽、清远	幽长
	滋味	岩韵明显、醇厚、回味甘爽、杯底有余香	岩韵显、醇厚、回甘快、杯底有余香	岩韵明、较醇厚、回甘、杯底有余香
	汤色	清澈、艳丽、呈深橙黄色	较清澈、艳丽、呈深橙黄色	金黄清澈、明亮
	叶底	软亮匀齐、红边或带朱砂色	软亮匀齐、红边或带朱砂色	较软亮、较匀齐、红边较显

项目		肉桂感官品质（GB/T 18745）		
		特技	一级	二级
外形	条索	肥壮紧结、沉重	较肥壮结实、沉重	尚结实、卷曲、稍沉重
	色泽	油润、砂绿明、红点明显	油润、砂绿较明、红点较明显	乌润、捎带褐红色或褐绿
	整碎	匀整	较匀整	尚匀整
	净度	洁净	较洁净	尚洁净
肉质	香气	浓郁持久、私有乳香或蜜桃香、或桂皮香	清高幽长	清香
	滋味	醇厚鲜爽、岩韵明显	醇厚尚鲜、岩韵明	醇和岩韵略显
	汤色	金黄清澈明亮	橙黄清澈	橙黄略深
	叶底	肥厚软亮、匀齐红边明显	软亮匀齐、红边明显	红边欠匀

项目		武夷水仙感官品质（GB/T 18745）			
		特技	一级	二级	三级
外形	条索	壮结	壮结	壮实	尚壮实
	色泽	油润	尚油润	捎带褐色	褐色
	整碎	匀整	匀整	较匀整	尚匀整
	净度	洁净	洁净	较洁净	尚洁净
肉质	香气	浓郁鲜锐、特征明显	清香特征显	尚清纯、特征尚显	特征稍显
	滋味	浓爽鲜锐、品种特征显露、岩韵明显	醇厚、品种特征显、岩韵明	较醇厚、品种特征尚显、岩韵尚明	浓厚、具品种特征
	汤色	金黄清澈	金黄	橙黄稍深	深黄泛红
	叶底	肥嫩软亮、红边鲜艳	肥厚软亮、红边明显	软亮、红边尚显	软亮、红边欠匀

02 前人如何评说“岩韵”？

赏鉴武夷岩茶，最大的享受是感受“岩韵”之美。如何理解“岩韵”呢?

韵，现代音乐术语，指将各种不同声音按一定规律排列组合，因此而产生的一种独特的音乐。将其内涵延伸到品茶，应是指武夷茶的独特感官特征；而所谓独特，是与其他种类茶，如绿、黄、白、黑、红，以及其他类乌龙茶等，相比较而言的明显特征。好的武夷岩茶，必定是有韵的茶。不仅具备茶所共有的感官特点，还具有其他类茶所没有的感官特点。具有不可替代的唯一审美性。

查诸历代茶著，最著名的说法当属晚清名人梁章钜评武夷茶的“香、甘、清、活”论，虽然没有明确说岩韵，实际上已经对武夷岩茶的主要感官品质特点做了相当有层次的概括。

梁章钜游武夷时夜宿天游观，与道士静参品茶论茶，将武夷岩茶特征概括为“香、清、甘、活”四字。他说：

“静参谓茶品有四等，一曰香，花香小种之类有之，今之品茶者，以此为无上妙谛矣。不知等而上之则曰清，香而不清，犹凡品也。再等而上则曰甘。香而不甘则苦茗也。再等而上之，则曰活。甘而不活，亦不过好茶而已。活之一字，须从舌本辨之，微乎，微乎！然亦必瀹以山中之水，方能悟此消息。”

梁章钜是举人，官至巡抚。他的这段评价，后人沿用至今。

更加具体明确的说法，是民国时期福建示范茶厂林馥泉《武夷茶叶之生产制造及运销》第七章《科学之审评》中的“山骨”“喉韵”，以及“臻山川精英秀气所钟，品具岩骨花香之胜”之语。林馥泉此文作于20世纪40年代初，此后“岩骨花香”便成了最简练的岩茶特点概括，成为茶人们经常挂在口头的一句评语。

“绿叶红镶边”

03 如何从感官上体会岩茶的“韵味”，岩韵的特点和妙处在哪里？

岩韵的形成，有多方面的因素。对于一般的品茶者，尤其是初涉岩茶者来说，更加关注的也许还是岩韵本身的具体特点。换句话说就是：究竟如何从感官上体会岩茶的“韵味”，岩韵的特点和妙处在哪里？

仔细考究，梁章钜的“香、甘、清、活”论，过于笼统，用之于任何一种好茶都未尝不可。最精到的评语当数林馥泉的“岩骨花香”论，突出了武夷岩茶最重要的内质部分：“岩骨”，指茶汤的特别滋味；“花香”，指岩茶的独特气香。不过，“岩韵”的妙处，仅仅用上述标准去把握是不够的，还要进一步具体和形象化，并从更深更高的层次去理解。

要真正理解岩韵，不仅需要较长时间的品饮体验，还要善于比较。岩韵只存在于岩茶中，而且只存在于传统意义上的“正岩”茶中。所谓正岩茶，指的是今武夷山风景区约 72 平方公里地区所产之茶，其中又以“三坑两涧”为核心，具有非常强的地域性。岩韵的强弱与岩茶的品质成正比，品质越好、等级越高，岩韵就越显。

岩韵是一种独特的高雅之美，感觉岩韵，无非是从香气和滋味两方面入手。但要理解岩韵，需要具备一定的审美修养。审美水平的高低，往往与人的见识、学问、情趣、品位都有极大关系。一个从未出过门不知天下之大的人、一个从不学习读书的人、一个毫无生活情趣和品位的人，也许能喝得出茶的好坏，却很难欣赏岩韵之美。在工夫茶流行区，岩韵很容易找到知音。

04 鉴赏岩茶的基本方法有哪些?

一般来说，茗茶的鉴赏过程分为干茶鉴赏与湿茶鉴赏。干茶鉴赏主要是观察干茶的外形、色泽，闻嗅香气；湿茶鉴赏主要观察冲泡后的茶汤颜色，闻嗅香气，品尝滋味，看叶底等。

湿茶品质在判断茶的质量方面作用更大，是最主要、最直接的鉴赏过程。因此这里着重向大家介绍湿茶鉴赏。

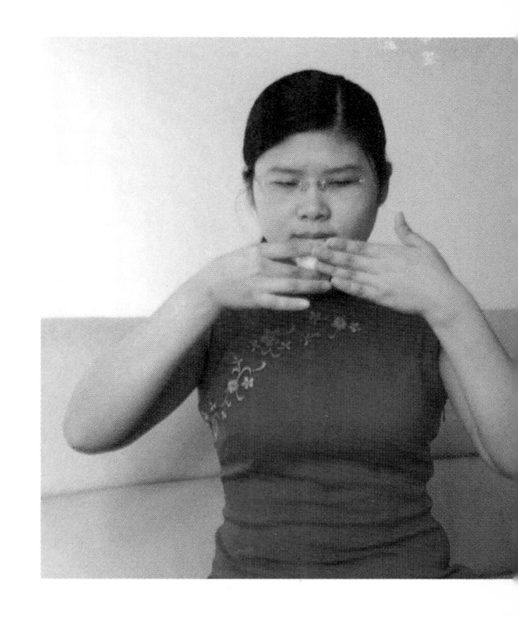

1. 闻气香

所谓气香，就是茶汤的香气。欣赏香气，主要是用嗅觉。闻气香的节点，一般是三至四次。

①盖底香。沸水注下后、将出汤前，用右手拇指、食指捏住碗盖（或壶盖），拿起，慢慢翻起，杯盖底斜置于鼻下细嗅。

②茶水香。出汤后，端起茶盅时，先置于鼻下，闻茶汤中冒出的香气。

③杯底香。茶汤饮毕，拿起空杯闻杯中的香气；

④叶底香。茶泡完后的茶渣称为叶底。拿起盖碗，闻叶底的香气；也可将碗中茶叶翻倒在碗盖上闻嗅。

一般来说，好的武夷岩茶，无论何种香，都以清纯、幽雅、细锐为上，最忌夹杂青草味、沤味、焦味、霉味等。

闻香时务必注意两点：一是要将碗盖、茶盅置于鼻子下的适当位置，太近或太远都不行。一般来说，距鼻尖约 1 厘米。二是只能深吸一口气，切忌中间呼气，要顺着自然节奏，慢慢闻嗅，尽可能地让香气深入丹田。

● 一般来说，茗茶的鉴赏过程分为干茶鉴赏与湿茶鉴赏。湿茶品质在判断茶的质量方面作用更大，是最主要、最直接的鉴赏过程。

也有一些人喜用公道杯闻香，因为公道杯容量大，且肚大口小，易于凝聚香气。

台湾工夫茶则有专门的闻香杯，状如长圆小笔筒。冲泡时，先将茶汤倒进闻香杯，用茶盅覆盖其上，然后倒置，茶汤流入茶盅，取出闻香杯，口朝上合于掌心，细嗅，别有一番情趣。

如果是用办公室的大茶杯，虽然持杯手法不同，但闻香的原则一样。只要细心,一样可以欣赏到茶香的独特美感。

2. 品茶汤

即用味觉品尝茶汤的滋味。味觉的主要器官是舌头。舌头的不同部位、舌尖、舌面、舌侧、舌根等，其味觉的敏感度是不同的。所以，要全面感受茶汤的滋味，就不能一咽而下，而是要慢慢地啜饮。

入口茶汤不能太多，即使是较大的容器，也只能小口小口啜饮。为了控制进口茶汤量，最好撮起嘴唇，将茶汤轻轻吸进口中。也可以稍用些力气，甚至发出吱溜吱溜的响声,这就是所谓的“啜茶”。

茶汤进口后，不要一下吞进肚子。而是闭唇，鼓颊，将茶汤在口腔中轻轻地反复鼓漱，尽量让茶汤接触到舌头的每一个部位。茶汤在口腔中充分鼓漱后，再徐徐咽下。茶汤下肚后，不要马上喝第二口，而要稍等一会儿，然后再开始啜饮第二口。如此，反复进行，仔细品味。

品尝茶汤滋味通常在茶汤尚热时进行，但不宜太烫，太烫了味觉会受影响。为了更加全面地品出茶汤滋味，还可以等茶汤凉了之后进行，即所谓“冷品”。冷品时茶汤接近常温，水分子活动渐趋稳定，香气开始收敛；由于温度接近体温，更利于充分品出茶汤滋味。

还有一些人喜欢将茶汤放在冰箱里冷冻后饮用，认为如此别有韵味。这当然也是一种方法，不过，冷冻后的茶汤温度太低，容易刺激唇舌，难于正常散发茶香；且冰箱里杂味多，茶汤容易串味。所以，此法更适于消暑解渴，而不宜于“品味”。

3. 闻杯底

香气闻过了，滋味品过了，一泡茶也泡得味淡如水了，盖碗中剩下的只是茶渣了。此时不要急于倒掉，仍然可以鉴赏一番。

4. 看叶底

主要看泡过的叶底的形状、色泽如何，同时闻一闻余留的气味如何。做工精细、品质好的武夷茶叶底，叶片大小均匀，叶形完整，叶脉清晰，叶肉厚实，呈均匀的墨绿色，边缘完整，有分布均匀的红圈，有一种丝绸般的光亮感。这就是典型的“绿叶红镶边”。

叶底的气味，最能反映出制作工艺水平和质量情况。好的叶底气味，闻起来花香虽弱，果香却很明显，且香味纯净，同样能给人享受。

05 什么是“回甘”和“喉韵”？

回甘，指岩茶茶汤咽下后口腔所产生的津液甘甜感觉。

具体到每一泡茶，又有两种情况。一是入口即感甘甜，有甜滋滋、凉沁沁的味道，不像普洱的“甘”那样有一种粘重感；二是先苦后甘，由苦转甜。回甘的感觉类似嚼橄榄，往往是初入口时稍感苦涩，刺激口腔，产生收敛感，随之满口生津，产生甘味。武夷岩茶的回甘，主要是茶汤中氨基酸与果糖比例较高而形成的。但并不是岩茶本身这些成分含量高，而是经过复杂制作后，儿茶素等苦味因子减少、比例降低后出现的感官特征。

上好岩茶的茶汤，经过啜漱，咽下喉时常常有一股骨鲠之气，从喉头直透五脏六腑。所以又有人说，岩茶茶汤有“骨头”，很“硬”。但是这种“硬”，是一种有弹性、有韧劲的“硬”，是发散型的，直接扩展你的喉咙，开阔你的心胸，五脏六腑豁然通畅，极为舒服的一种感觉。这就是所谓的“喉韵”了。

岩茶中的“回甘”常见，但“喉韵”，则要在上等岩茶中才会有。我在武夷山到处品茶，也是一年难得遇到几次有喉韵的茶。每当遇到这种茶，我便感到一身回肠荡气，全数毛孔开张，人则轻如欲飞，飘飘然直上云端，那种感觉真是奇妙无比。

06 怎样体验岩韵香气的“冲顶”感觉？

一碗喉吻润，二碗破孤闷。

三碗搜枯肠，惟有文字五千卷。

四碗发轻汗，平生不平事，尽向毛孔散。

五碗肌骨清，六碗通仙灵。七碗吃不得也，唯觉两腋习习清风生。

岩韵的花、果香不但明显，还须有力度、纯度、持久度。

“岩韵冲顶”的感觉，指的是香气的力度。那是一种细而锐、具有穿透力的香气。往往是嗅一口，便有一股如缕的香气嗍地串入鼻腔。岩韵强的茶，往往有种直冲脑门顶的感觉，而不像一般的茶香，只是在鼻尖弥漫，没有上串的感觉。

香气的持久性也是检验岩韵的主要标准。一般的青茶，头一两泡有不错的花香，随后便越来越弱，三五泡后几乎消失。岩茶的花香，每一泡都差不多，淡淡的，幽幽的，始终不散，基本上都能达到“七泡犹有余香”。

纯度主要指香气的纯净性。这一点最难。一般的茶常常会夹带着一些杂味，例如青气、焦气、泥气、酸气等等。一般的岩茶，因为制作不够精细，也常有杂味。也许这些杂味不很明显，要仔细闻才能感觉到。但是不管怎么说，都是不好的。影响茗茶花果香的纯净度的，既有生态环境因素，也有制作工艺因素，还有贮藏保管因素，甚至茶具的洁净度与水质情况都可能影响纯净度。

唐代诗人卢仝的《七碗茶歌》，十分形象地表达了岩韵“冲顶”的感觉，有兴趣的读者不妨细心体会这四碗之后的感觉。

07 岩韵有哪些香气？

武夷岩茶岩韵的第一感觉主要是冲泡后产生的各种香气，大体上上可分为品种香、制作香、地土香三大类。品种香是不同品种岩茶经制作后形成的独特香气；制作香是制作时产生的香气，地土香指同样的茶树品种，因生长环境不同，所产生的具有强烈地域特点的香气。这几种香气相互融合，就形成丰富多样的岩茶香气。但是不管哪类香，最基本的应是茶叶本身的品种香。其他香只是从品种香中引发而来的。即使是最让人难忘的花香、果香，也是品种香制作后所产生。

武夷岩茶常见的香型有：

火功香，又称焦糖香，类似锅巴，熬蔗糖，这种香味，是在制作中因焙火而产生的，浓香型武夷茶中较为常见。

本草香，又称木质香。类似干燥的老树锯开时的气息，也有类似晒干的草药味的，不同品种间的本草香有细微的不同。

花香，岩茶的主流香气是花香，多类似幽雅的兰花香，也有类似水仙花、桂花、梅花、栀子花的香气。

这在低火清香型岩茶中较明显。中火传统型岩茶中则比较幽长、隐约。

果香，有的如水蜜桃，有的如雪梨，有的有柑橘柚果的味道，甚至还有苹果、蜂蜜、桂皮香的。这类果香，在上品岩茶的叶底中更为明显。

岩茶的各种香气中往往同存于一泡茶中。一二水有火功香，三水后开始显露草木香和花果香，七八泡以后花果香减弱，草木香凸显。若此时再闻茶底，会发现竟然会有一种果香。若将茶底入壶再煮，又会散发强烈的本草香。

不同岩茶产品的香型也有许多差异。如果落实到具体的每一泡茶叶，差异和变化就更大了。有些上品岩茶，同一泡茶中甚至会出现不同的花果香，那种感觉实在是妙极。

这些特有香型，特别是花果香，是其他类茶所没有的。即便是乌龙茶类，岩茶的香气与铁观音、凤凰单丛、台湾乌龙也有很大不同。

岩韵的香气，最让人难忘的就是独特的花果香，尤其是在清香型岩茶中，那种丰富多变的花香、果香相当强烈，以至有些人会怀疑茶叶中加了香精。事实上，真正的岩茶花果香是茶叶在制作过程中自然形成的。自然形成的标志就是冲泡时自始至终都有香气，落差很少。而若是人工添加香精的话，往往开始很香，最多三泡后就没有香气，落差极大。

08 怎样体会岩韵的“岩骨”？

“岩骨”是指岩茶茶汤滋味的特点，根据以往的经验，我以为可用“甘、醇、细、滑、清”五个标准衡量。

甘，茶性本苦，鲜茶叶犹苦。经过加工，苦便转化为“甘”。岩茶因加工工艺复杂，特别是经多次复焙，甘味更为突出。岩茶的甘，是一种带鲜味的微甜感，类似鲜纯的土鸡汤。

滑，指茶汤入口滑顺，也可理解为一种“化感”。滑是相对于涩而言的。茶汤入口后，舌尖有茶水的感觉，再往后，不用吞咽，茶汤已经“化”进喉咙了。好岩茶入口都很滑顺，但岩茶因受特殊生长环境或制作工艺影响，尤其是清香型的岩茶，往往有微涩感，滑就显得特别难能可贵。最佳的滑感，几乎到了入口即“化”的程度。“滑”与“甘”常常相伴相随，是茶汤滋味的最基本标准。

醇，即醇厚，浓酽。一指茶汤中内含物质较多；二指茶性峻烈，两者关系紧密。岩茶的茶汤与绿茶相比，更浓更酽，但又不如普洱和黑茶厚重。所谓的“浓而有骨，淡而有味”。即使是泡得很淡的茶汤，入口后也能觉得有一些实实在在的东西，不会产生空洞感。

细，指细腻。与细相对的是粗。好的岩茶，茶汤入口感觉相当细腻，犹如乳汁或嫩豆腐的口感。

清，指的是清纯，一种清净、纯粹的感觉。既存在于岩茶的香气中，也存在于岩茶的茶汤滋味中。具有“清”的特征的香气，是一种

● “岩骨”是指岩茶茶汤滋味的特点，根据以往的经验，我以为可用“甘、醇、细、滑、清”五个标准衡量。

极为纯净的香气，没有一点杂味。而具有“清”的特点的茶汤滋味，则又有一些具体特征，清新、幽雅、鲜爽，而没有一点杂味。

传统工艺制作的岩茶茶汤，一般呈橙黄或深橙黄，近年来发展新工艺武夷茶，茶汤颜色呈金黄甚至淡黄。新茶的颜色较浅，陈茶的颜色较深，有的甚至接近深红。但是不管怎样，茶汤都应清澈、亮丽，没有杂质与沉淀物，这也是“清”的一种表现。

综合这几种感官滋味，再回过头来领会梁章钜形容岩茶的“活”字，就容易多了。活，应是武夷茶岩韵的最强表现，可以理解为“活蹦乱跳”，如同充满生命力的鱼儿在激流中冲浪；亦可以理解为“变化多端”，先苦后甘，先有强收敛、再转清爽润滑。每泡茶汤的香与味都有变化，浓香藏在滋味里，品过之后满口留韵；“活”也可以理解为“源源不绝”。武夷茶的香与味，往往可以保持相当长久，尤其是在茶汤凉了之后，香与味下沉凝结，品味起来有一种粘稠感，在水中源源不断地回旋着；“活”还可以理解为“回肠荡气”。上品武夷岩茶，力度劲锐，常常是三杯下肚后，上下通畅，百窍偾张，神清气爽，一身轻松，令人情不自禁浮起飘然若仙之感。

“岩骨”与“花香”两方面有机地结合起来，便形成“岩韵”的主要感觉特征，产生一种香中有水、水中有香、香水交融的效果。而岩韵的强弱，不仅取决于特殊香型与醇厚茶味的完美结合，也取决于力度、持久度、清纯度的完美结合。有经验的品茶者都知道，岩茶的香气与滋味往往是后发制人的，到后来茶汤都极淡了，在口中细漱几下，竟还会有香气出来。

09 贮藏茶叶的基本原则是什么？

武夷岩茶是一种耐藏的茶，在长期茶业实践中，人们积累了丰富的贮藏经验。只要密封好，岩茶可以多年不变质。1984 年，瑞典打捞出 1745 年 9 月 12 日触礁沉没的“哥德堡号”海船，从船中清理出被泥淖封埋了 240 年的一批瓷器和 370 吨乾隆时期的茶叶，其中有一些是武夷岩茶。该茶用板厚 1 厘米以上的木箱包装，箱内先铺一层铅片，再盖一层外涂桐油的桑皮纸。内软外硬，双层间隔，所以被紧紧包裹在里面的茶叶极难氧化。令人惊讶的是，这批岩茶基本完好，还能饮用。

武夷山民间贮藏岩茶时，常将茶叶用多层毛边纸或牛皮纸包紧后，置于竹篓中，挂在屋子顶梁上，如此便可在较长时间内保持茶叶品质。岩茶企业化生产后，包装材料和方法有了很大改变。一般来说，应当遵循以下几条原则：

1. 防潮。一指必须保持茶叶适当含水量，这一点成品茶基本符合标准；二指必须利用包装来防潮，要选用防潮性能优良的包装材料；三指控制贮茶场所的湿度。尤其是在南方，春夏两季空气潮湿，需要采取一些措施除湿，例如在茶叶仓库内安装抽湿机，天晴时打开窗户通风等。

2. 阻氧。指阻隔茶叶与氧气之接触。茶叶中的许多物质都会因氧化作用而产生质变。绝对的阻氧是不可能的，但通过改进包装材料以及真空包装等方法，可以减缓茶叶氧化速度，以控制其质变程度，使其保持最佳状态。

3. 避光。光线中的红外线会使茶叶升温，紫外线会引起光化作用，从而加速茶叶质变。因此，必须避免在强光下贮存茶叶，也要避免用透光材料包装茶叶，如玻璃瓶或透光食品袋之类。

4. 低温。茶叶在低温环境中氧化减缓，能够较长时间保持品质。根据武夷山茶区的经验，岩茶贮茶环境温度保持自然常温即可。

5. 防异味。茶叶极易吸收环境气味。贮茶场所不可有异味，所以不可与有异味的其他货物一起堆放。

10 家庭如何贮藏武夷岩茶?

锡贮茶罐

了解贮茶基本原则，家庭贮藏岩茶也就简单了。家庭贮茶，因为量不多，找几个完好的茶叶专用纸箱即可。有条件的，可以购买一两个专门定制的宜兴加盖紫砂大罐，不锈钢加盖大桶亦可。如果是散装的岩茶，购茶时茶庄主人会帮你用专门塑料袋包好，只要将包好的茶装进容器，加好盖就行。如果是小包装的茶，千万不要拆开，连盒放入即可。有些人误认为，小包装的茶可以随便放，无须入桶。殊不知小包装密封度并不严密，若随便放会很快变质。有些人因不了解岩茶性质，将岩茶像绿茶一样放进冰箱保鲜，其实完全没有必要。

一个大桶可以装不少茶，不管什么岩茶，都可以放一起。家庭贮藏岩茶还需注意的是，不可把茶桶放在厨房等有异味的地方。如果是住在底楼，应把茶桶放在房间高处，如橱柜顶上，或者做一个架子，把茶桶置于架上。如此，你便可高枕无忧了。

瓷茶罐

11 选购武夷岩茶有什么技巧?

对于一般茶友来说，选购茶叶绝大部分是到市场购买。所以，如何选购价廉物美的岩茶是大多数茶友最关心的问题。

目前，国内几乎所有城市都有卖岩茶的茶庄。一些地方的茶庄如雨后春笋般越开越多。这为喜欢岩茶的茶友提供了许多选择，然而，林子大了，鸟儿也多了，麻雀凤凰一起乱飞。因此，在购茶之前，很有必要掌握一些基本的常识。

首先，要学会鉴别干茶。

先用手抓起一小撮散茶，看干茶的形状和颜色。岩茶产品的形状主要是条索状。如扭曲的耳勺，匀整，无梗，无黄叶，无碎屑，颜色呈蛙皮青或深褐色、紫褐色；老茶则呈深黑甚至乌黑。好茶表面乌褐光润，有的带一层极薄白霜。

如发现外形不匀整，带有茶梗和黄片，一般是未精制的毛茶或者档次很低的茶。

干茶的香气没有冲泡后那么明显，比较单纯，无杂味、异味，有火功味。火功轻的会带一丝清甜。如果感觉香气太强烈，就可能不正常。如果是陈茶，要注意区别是陈香还是霉味，陈香是一种凉沁沁的、很舒服的木质味或中药味，霉味则会呛鼻。

通过看与闻，初选出了感觉较好的茶后，便可以要求茶庄主人当

● 选购武夷岩茶，首先，要学会鉴别干茶。如果是买小包装的岩茶，需注意：一，是否包装完好；二，是否“三无”产品。其次，找好购茶渠道。其三，要有平常心。

场冲泡，实际品尝，以验证前面的感觉。一般来说，卖武夷岩茶的茶庄都会让你试茶的。试过以后，还要注意，给你的茶是否与你所选的茶一致。

以上说的是购买散茶。如果是买小包装的岩茶，则需注意：一，是否包装完好；二，是否“三无”产品。正规产品的外包装上一般都有正式商标，有厂家地址、电话、生产日期等信息。有些大厂还贴有防伪标志和地理保护标志。如果没有这些标识，就要打个问号了。

其次，找好购茶渠道。

一些没有机会到武夷山、又不大了解武夷岩茶生产情况的消费者，首选的是当地销售武夷岩茶的茶庄。这些茶庄，有的是销售自家的产品，有的是代销品牌产品。其次可以搜索相关的网站，进行网购。如果有机会到武夷山旅游，可以到遍地开花的茶庄或直接找茶厂购买。品尝过他们的茶之后，可以当场购买。这些购茶渠道各有优缺点。直接到茶厂买，茶价可能更便宜，但来回交通费就得增加；网购对于远离岩茶区的茶客比较方便，但无法试茶。不管选择哪种渠道购茶，都要尽可能事先了解清楚企业与产品的情况；尽可能地选择信誉度较高的茶厂，质量比较公认可靠的品牌产品；尽可能地与茶庄或企业建立长期的购销关系。

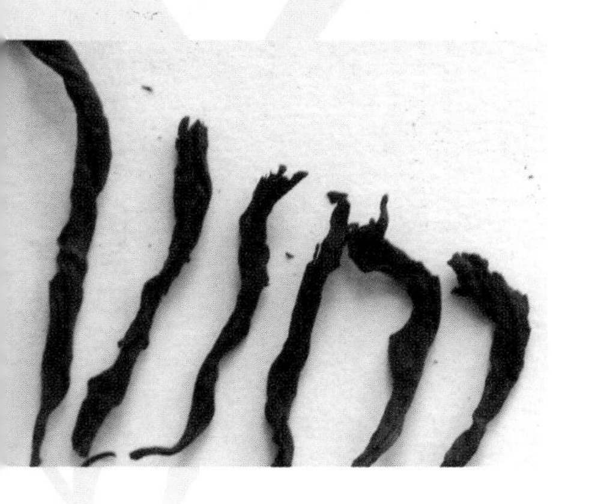

其三，要有平常心。想买到性价比高的茶叶是人之常情。但因种种因素，常会发生不尽如人意之事。所以，购茶还要有平常心。常有一些人，一进茶店就说要买“最好的茶”，这种消费者一听就知道是外行，很容掉进“坑”里。所以，如果对岩茶不太了解，一要根据自己

● 因为种种因素，特别是冲泡技巧的缘故，试茶时与回家冲泡时的香气滋味可能相去甚远，此时，切不可心急恼火，而应及时寻找原因，泰然处之。

的经济状况购茶。岩茶的档次与价格，往往有很大差别，低档的一斤二三百元，高档的一斤数千元甚至上万。所以，购茶时应先想好，要购买什么档次的茶。如果经济状况良好，不妨购买些高档茶；如果手头较拮据，就选购一些价位低的茶。所以选茶时你应该对茶庄主人说你要购买心理价位多少的茶，主人就会挑出这种档次的茶让你尝试，直到你满意为止。

选茶购茶也是一种技巧，需要及时总结经验，尤其在购茶不满意的情况下。事实上，即使再高档的茶，也不过是茶，绝不可能是仙丹。再说，因为种种因素，特别是冲泡技巧的缘故，试茶时与回家冲泡时的香气滋味可能相去甚远，此时，切不可心急恼火，而应及时寻找原因，泰然处之。

12　为什么说“好茶只需一泡”？

若干年前，武夷岩茶还没有这几年这么红火，有一位北京的茶友，因为偶然的机会，品尝了一泡大红袍茶，立刻被其韵味所征服，从此便爱上了岩茶。有一回，广州的茶友告诉他收到了一泡正宗的大红袍，这位茶友当即买了一张飞机票赶往广州，品完这泡茶后心满意足地星夜回到北京。

为了一泡好茶，不惜代价从北飞到南，别以为这是天方夜谭，不少岩茶的发烧友都有过类似的故事。与他们聊起来，几乎众口一词，都说“黄金易求，佳茗难得”。他们追求的不仅仅是一泡好茶，更多的是一种心境。事实上，即便像我这样经常品尝武夷岩茶的人，也时常会为传说中的一泡好茶而想方设法去追寻。我感到，其实好茶无须多，一泡足矣。随着对茶的了解越多越深，这种感觉也越来越强烈。

20 世纪末，我初接触武夷岩茶时，每次到武夷山去寻茶，都要品尝几十泡方止。说来也怪，这些茶按如今的标准都是上等好茶，可一次性喝多了，也就麻木了。难得有

“好茶只需一泡”，并与茶友们分享，得到了许多人的赞同。其实人生又何尝不是如此，容易得到的东西不懂珍惜，可当失去了它再重新回来，你的感受肯定不一样了。

那种回肠荡气、毛孔俱开、飘飘欲仙的感觉。只有在品赏其他种类茶，把它们与岩茶做比较的时候，才会偶然有这种体验。然而近年来，也许是武夷岩茶越来越红火，价格也越来越贵，想喝到一泡上品岩茶也越来越不容易了。于是我退而求其次，以中档茶为主了。中档茶虽说与高档岩茶质量差一截，但对于我等工薪阶层来说，也算是不错的享受了。喝惯了中档岩茶后，有机会再来品赏上等岩茶，我发现，几乎每次都能体验那种回肠荡气的强烈岩韵感觉！

这是怎么回事呢？仔细想想，突然开悟了。从审美鉴赏角度来说，就是距离产生美感。早些年天天喝好茶，审美很快疲劳，也就分不出茶好在哪了。如今偶尔品赏一泡高档好茶，反倒能够充分体验它的美感。

我把我的感受归结为“好茶只需一泡”，并与茶友们分享，得到了许多人的赞同。其实人生又何尝不是如此，容易得到的东西不懂珍惜，可当失去了它再重新回来，你的感受肯定不一样了。回想那位为了一泡好茶连夜飞越大半个中国的岩茶发烧友，可真是个懂生活的性情中人。

岩茶文化

1. 为什么说武夷茶文化是茶文化史上的巅峰？
2. 朱子理学与武夷岩茶有什么关系？
3. 武夷道教与武夷岩茶有什么关系？
4. 宋徽宗的《大观茶论》说些什么？
5. 最早关于武夷山茶的诗是哪一首？

……

01 为什么说武夷茶文化是茶文化史上的巅峰？

武夷岩茶与武夷茶一脉相传。武夷岩茶的历史文化就是武夷茶的历史文化。而武夷茶历史文化的核心就是北宋太平兴国初年所设、元代迁到武夷山的、唯一官方茶园的北苑茶文化。

为了加强茶园的管理，朝廷设置了专门的茶官，在北苑茶区建造管理衙门。20 世纪 80 年代，文物部门组织专家对北苑遗址进行了局部挖掘，发现了当年的殿堂柱础以及一些相关文物，认定为国内唯一以茶为主题的农业考古遗址。

当时生产制作的茶类主要是蒸青茶饼。原先比较粗糙，后来则越来越精致。因为表面印有龙凤图案，所以称为“龙凤团茶”。这一变化主要归功于两人，即所谓的“前丁后蔡”。

“丁”指丁谓（966—1037），字谓之，苏州府长洲县（今江苏苏州）人。宋太宗时进士，宋真宗成平年间，丁谓任福建转运使，著有《北苑茶录》又名《建阳茶录》）。

“蔡”指蔡襄（1012－1067），字君谟，原籍福建仙游，庆历年间（1041—1048），蔡襄出任福建路转运使，写成《茶录》一书。

经过这两人的督造，北苑茶制作技艺达到成熟，加上皇帝的喜爱和推崇，此茶成了皇公贵族的时尚奢侈品。到了绍圣年间，皇帝下诏将密云龙改称“瑞云翔龙”，把北苑茶的制作工艺推向了巅峰。每年新茶制好后，用黄缎包装好，便速派专人飞骑急驰，直送京师，让皇帝来“试新茶”，其气派几可与唐玄宗时飞骑送荔枝相比。一般的士大夫，若能得到一饼御赐团茶，便会感到无上荣光，时时摩挲把玩而舍不得轻易品赏。上层社会的时尚带动了全社会的风尚。为了满足皇室与赏赐需要，也为了满足社会上更多追求时尚的人的需求，北苑茶的生产不断扩展，“建溪百里”南至延平茂地，北至武夷山，公私焙三百余处，均为北苑茶。

北苑茶在中国茶文化历史上的意义，不仅在于其精湛的制作工艺，更在于一大批关于北苑茶文化的论

● 北苑茶在中国茶文化历史上的意义，不仅在于其精湛的制作工艺，更在于一大批关于北苑茶文化的论著与诗文的出现。

著与诗文的出现。

在茶著作方面，首推宋徽宗赵佶于大观年间所撰写的《茶论》，由于皇帝的爱好与推动，当时便涌现了一大批关于北苑茶的专门著述，据地方志所载，有三十余种之多。而在诗文创作方面，几乎当时所有的文化精英，如苏东坡、王安石、曾巩、黄庭坚、司马光、欧阳修、梅尧臣、辛弃疾、陆游、李清照、朱熹、范仲淹、李纲、范成大、杨万里、陆九渊、陆游等，都有不少关于北苑茶诗文。据不完全统计，数量达到二千多首，占了整个古代茶诗的60%以上。

北苑茶的专著与诗文不仅多，而且质量高。其中如《大观茶论》《茶录》等，直到今天仍有启示意义。诗文方面，至今读来依然脍炙人口。

这么多数量的上乘的茶诗文和著作，以及制作工艺上的千年传承，使得北苑茶文化成为中国文化史上的一个奇葩，在整个茶文化史上成为一座空前绝后的巅峰。

02 朱子理学与武夷岩茶有什么关系?

儒家思想形成于春秋时期，创始人孔子。儒家思想在诞生后的相当一段时间里，并未得到统治者的足够重视。到了宋代，经过一批儒家学者的整理与发挥，形成称为“理学”（又称为道学）的新儒家学派。宋代理学的代表人物主要有程颢、程颐、朱熹、陆九渊，而以朱熹为集大成者。

朱子理学源于孔子儒学，但又汲取了道家与佛禅思想精华，朱熹一生的大部分时间都在武夷山地区生活，他的思想体现在茶道上，同样具有鲜明的武夷特色。

朱熹的父亲朱松，长期在武夷山地区为官，喜欢喝茶。写过一些茶诗。朱松将卒时，嘱咐朱熹师事刘子翚、刘勉夫、胡宪三人，三人皆崇安（今武夷山市）五夫里人，也是爱茶知茶者。这样的氛围很大程度上影响了朱熹对茶的态度。所以，他长大后，也成了一个爱茶者，在与朋友往来的书信中，有时也署名“茶仙”。这些雅兴，对武夷山

● 朱子理学源于孔子儒学，但又吸取了道家与佛禅思想精华，朱熹一生的大部分时间都在武夷山地区生活，他的思想体现在茶道上，同样具有鲜明的武夷特色。

茶文化思想的发展产生了极大影响。

他写过好几首茶诗，其中《茶灶》诗很短，却有很深很美的意境：

“仙翁遗石灶，宛在水中央；饮罢方舟去，茶烟袅细香。”

朱熹以之为题的茶灶，实际上是一块耸立于武夷山九曲溪中大石头，四四方方，有点像灶台。黄昏时分，乘竹筏经过此石旁，只见碧水环抱，细浪轻溅，石上笼着一股似有似无的烟霞，两岸赤崖绿树映衬着，令人顿生许多遐想。

朱熹是个大理学家，对茶的认识也离不开一个“理”字。他曾有一段借茶喻理的话：

“物之甘者，吃过而酸，苦者吃过却甘。茶本苦物，吃过却甘。问，此理如何？曰：也是一个道理，如始于忧勤，终于逸乐，理而后和。盖理天下至严，行之各得其分，则至和，又如家人‘口高，口高’，悔厉，吉；妇子嘻嘻，终吝，都是此理。”

第一层意思是说，茶的物理特性：先苦后甘；第二层意思是由茶性引申到人生求知的过程：先刻苦努力，才有后来的安逸快乐；学习也是一样，理学是严谨的、枯燥的，可是如果坚持学习并实践，习惯了，就能运用自如，达到和谐快乐境界。第三层意思是引用易经教子的例子。“口高”“严酷”意为教育严格，虽然有时觉得太严厉，但最后是有好处的；可是如果整天嘻嘻哈哈，纵容溺爱，最终就会有遗憾。

还有一段话是以茶喻德，以茶喻人，同时也是对各类茶品的审评：

“建茶如中庸之为德，江茶如伯夷叔齐。又曰，南轩集云，草茶如草泽高人，腊茶如台阁胜士。似他之说，则俗了建茶，却不如适间之说，两全也。”

江茶，浙江一带所产茶，朱熹曾任浙江常平茶盐公事，实际上是一种贡茶以外的私茶；腊茶，即腊面茶。是当时理学家张栻的著作《南轩集》提到的茶。

朱熹在这里对《南轩集》中关于草茶和腊茶的比喻觉得欠妥，因此朱熹提出自己的观点，认为建茶

● 朱熹是个大理学家，对茶的认识也离不开一个“理”字。他曾借茶喻理，是以茶喻德，以茶喻人，并将建茶比喻为中庸之德。

之性，就如孔子中庸之德；而江茶，则如伯夷叔齐之德。伯夷、叔齐是两兄弟，商朝一个诸侯国的王子，为了互让王位，一起出逃，隐居在首阳山中。

商亡后，他们拒绝接受周文王的做官邀请以及派人送来的粮食，最后饿死在首阳山中，是孔子称赞的先辈高人。朱熹认为，以伯夷叔齐之德操，比喻未列贡品的江茶，较为妥当。

朱熹为何要将建茶比喻为中庸之德？究其原因，一则在于建茶是当时的官茶，而孔子中庸之德是儒家推崇的正统之德；二则在于建茶制作精湛，每一道工序都必须遵循中庸原则，不足与过火均做不出佳茶；三则也是朱熹的乡土情结，他长年生活在武夷山地区，对建茶具有特殊的感情，所以将之列为正统。

03 武夷道教与武夷岩茶有什么关系？

原始道家思想的形成与儒家大致同时，创始人是老子，其代表著作为《道德经》。老子的原始道家思想在汉唐盛世时一度成为官方统治思想，当时武夷山被列为道教的“第十三福地”“第十六洞天”，进入繁荣时期。

943 年，南唐皇帝李璟的弟弟李良佐入山访道，并建宫观（今武夷宫）。皇帝因此颁赐武夷山“方圆一百二十里与本观护荫，并禁樵采，张捕”。999 年，宋朝皇帝赵桓始赐御书“冲佑”额匾。随后历朝皇帝颁赐御书达 33 次。武夷山道教得到皇帝大力支持，成为全国最重要的道教活动中心之一，吸引了许多道士在此修行，其中有吕洞宾、王文卿、白玉蟾、张三丰等著名道人。其中对武夷山影响最大的道人是白玉蟾。

白玉蟾，本姓葛，号海琼子，祖籍福建闽清，道教南宗第五代传人。“南宗”自他之后，始有正式的内丹派南宗道教社团。白玉蟾一生三次入武夷山修道，晚年住持止止庵。

武夷山止止庵

● 老子的原始道家思想在汉唐盛世时一度成为官方统治思想，当时武夷山被列为道教的“第十三福地”“第十六洞天”，进入繁荣时期。

柳眼偷看梅花飞，百花头上东风吹；深蛰春到不知时，霹雳一声惊晓枝。
枝头未敢展枪旗，吐玉缀金先献奇；雀舌含春不解语，只有晓露晨烟知。
带露和烟摘归去，蒸来细捣几千杵；捏作月团三百片，火候调匀文与武。
碾边飞絮卷玉尘，磨下落珠散金缕；首山黄铜铸小铛，活火新泉自烹煮。
蟹眼已没鱼眼浮，飕飕松声送风雨。定州红玉琢花瓮，瑞雪满瓯浮白乳。
绿云入口生香风，满口兰芷香无穷。两腋飕飕毛窍通，洗净枯肠万事空。
君不见孟谏议，送茶惊起卢仝睡。又不见白居易，馈茶唤醒禹锡醉。
陆羽作茶经，曹晖作茶铭。文正范公对茶笑，纱帽笼头煎石铫。
素虚见雨如丹砂，点作满盏菖蒲花。东坡深得煎水法，酒阑往往觅一呷。
赵州梦里见南泉，爱结焚香瀹茗缘。吾侪烹茶有滋味，华池神水先调试。
丹田一亩自栽培，金翁玉女採归来。天炉地鼎依时节，炼作黄芽烹白雪。
味如甘露胜醍醐，服之顿觉沉疴醒。身轻便欲登天衢，不知天上有茶无。

白玉蟾不仅玄学修养深厚，同时擅长诗赋书画，富有生活情趣，喜欢喝酒，也喜欢茶。

茶诗读来也饶有趣味，不仅可以使我们从中了解白玉蟾的为人处世风格，同时也可从中了解当时的茶俗，以及道教与茶的关系。

白玉蟾的七言古诗《茶歌》，是最长的古代武夷茶诗。共有 48 句 330 字。此诗前半部分极为生动地记录了当时道士们茶事的全过程。后半部分在列数前人喜茶的故事后，极力赞美茶在修道炼丹中的积极作用。白玉蟾倡导的是内丹法，其实就是诉诸个人内心道德与心理调节，并辅之以气功导引术的修道方法。其要旨在于摒弃世俗名利，追求“天人合一”“形神一体”的无我自由境界。

根据白玉蟾的这种思想不难看出他写《茶歌》的意思，他是将茶事看作“止止”，将茶作为炼丹的药，将品茶作为修道的方法和手段。而最重要的是，他追求的得道成仙目标，不在虚无缥缈的天上，而在自己的心灵。

04 宋徽宗的《大观茶论》说些什么？

宋徽宗赵佶（1082—1135），宋朝第八位皇帝，19 岁时登基，在位共 25 年。

宋徽宗喜欢艺术，也喜欢茶，有一手高超的茶艺，常常亲自表演。

宋徽宗在茶文化方面的最大贡献，是在整理总结前人的基础上写出《茶论》，因为此书写于大观年间，后人又称其为《大观茶论》。

《大观茶论》全文虽只数千字，但论述的内容相当广泛。《茶论》所论述的对象，主要是武夷岩茶的前身“北苑茶”。

在种植环境方面，书中提出了“阴阳相济，则茶之滋长得其宜”的观点。他指出茶的产地是“崖必阳，圃必阴”。理由是“石之性寒，其叶抑以瘠，其味疏以薄”，“必资阳和以发之”；“土之性敷，其叶疏以暴，其味强以肆”，“必资阴荫以节之”。

关于天时对茶叶优劣的影响，它提出了“焙人得茶天为庆”的观点。他说：“茶工作于惊蛰，尤以得天时为急”。如果“轻寒，英华渐长，

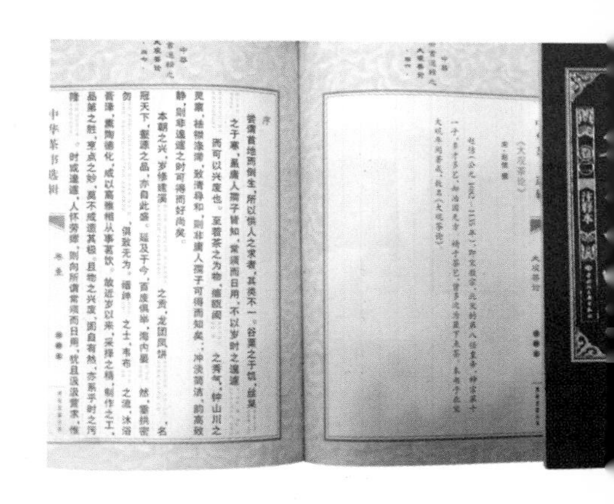
序
尝谓首地而倒生，所以供人之求者，其类不一。谷粟之于饥，丝枲
之于寒，虽庸人孺子皆知，常须而日用，不以岁时之舒迫
而可以兴废也。至若茶之为物，擅瓯闽之秀气，钟山川之
灵禀，祛襟涤滞，致清导和，则非庸人孺子可得而知矣；冲淡简洁，韵高致
静，则非遑遽之时可得而好尚矣。
本朝之兴，岁修建溪之贡，龙团凤饼，名
冠天下，而壑源之品，亦自此盛。延及于今，百废俱举，海内晏然，垂拱密
勿，幸致无为。缙绅之士，韦布之流，沐浴
膏泽，熏陶德化，咸以高雅相从事茗饮。故近岁以来，采择之精，制作之工，
品第之胜，烹点之妙，莫不咸造其极。且物之兴废，固自有然，亦系乎时之污
隆。时或遑遽，人怀劳瘁，则向所谓常须而日用，犹且汲汲营求，惟

条达而不迫，茶工从容致力”，则其“色味两全”。如果“时旸郁燠，芽甲奋暴，促工暴力，随槁晷刻所迫，有蒸而未及压，压而未及研，研而未及制，茶黄留渍”，则其“色味所失已半”。

在采摘方面，他采纳前人的见解，但更为简明。采茶的时间是“黎明，见日则止”。具体要求是“用爪断芽，不以指揉”，主要是“虑气汗熏渍，茶不鲜洁”。“凡芽如雀舌谷粒者为斗品，一枪一旗（即一芽一叶，芽未展尖细如枪，叶已展有如旗帜）为拣芽，一枪二旗为次之，余斯为下。茶始芽萌，则有白合（指两叶抱生的茶芽，即鳞片），

● 《大观茶论》全文虽只数千字，但论述的内容相当广泛。《茶论》所论述的对象，主要是武夷岩茶的前身“北苑茶”。

北宋 · 宋徽宗（赵佶）《听琴图》

既撷则有乌蒂（乌蒂，指茶芽的蒂头），白合不去害茶味，乌蒂不去害茶色。”

在制作方面，它提出了“洁净宜热良”的要求。“涤芽惟洁，濯器惟净，蒸压惟其宜，研膏惟热，焙火惟良”，否则，会出现“饮而有少砂……涤濯之不精”的情况。造茶要考虑“日晷之短长，均工力之众寡，会采择之多少”，必须在“一日造成”，如果过宿，“则害色味”。论述“蒸芽压黄之得失”时，它说“蒸太生则芽滑，故色清而味烈；过熟则芽烂，故茶色赤而不胶。压久则气竭味漓，不及则色暗味涩。蒸芽欲及熟而香，压黄欲膏尽亟止。如此，则制造之功十已得七八矣”。蒸芽压黄，最重要的是要掌握火候，过与不及都不行。而做到恰到好处，既需要技术，更需要智慧。这需要在长期的生产生活实践中积累。

“点茶”部分从一个侧面反映了北宋以来中国茶业的发达程度和制茶技术的发展情况，也为我们认识宋代茶道留下了珍贵的文献资料。

● 《大观茶论》中最重要的是提出了“中澹闲洁，韵高致静”的茶道思想，其包含的哲理，对日本茶道以及中国茶道都产生了巨大影响。

点茶讲究力道的大小、力道和工具运用的和谐。它对手指、腕力的描述尤为精彩，整个过程中点茶的乐趣、生活的情趣跃然而出。

在审茶方面，宋徽宗也有自己的标准。他认为饮茶有道，首先讲究色、香、味。说到色，他认为“点茶之色，以纯白为上真，青白为次，灰白次之，黄白又次之。天时得于上，人力尽于下，茶必纯白。”宋徽宗最喜好的白茶，是特异的品种，他自己说，“白茶自为一种，与常茶不同。其条敷阐，其叶莹薄。崖林之间偶然生出，盖非人力所可致。”

他推崇茶的本味，“茶有真香，非龙麝可拟。要须蒸及熟而压之，及干而研，研细而造，则和美具足，入盏则馨香四达，秋爽洒然。或蒸气如桃仁夹杂，则其气酸烈而恶。”而他提出的“香、甘、重、滑”审茶标准，直到今天，仍在沿用。

《大观茶论》中最重要的是提出了“中澹闲洁，韵高致静”的茶道思想，其包含的哲理，对日本茶道以及中国茶道都产生了巨大影响。

05 最早关于武夷山茶的诗是哪一首？

武夷春暖月初圆，采摘新芽献地仙。飞鹊印成香蜡片，啼猿溪走木兰船。
金槽和碾沉香末，冰碗轻涵翠缕烟。分赠恩深知最异，晚铛宜煮北山泉。

这首唐代徐夤的《尚书惠蜡面茶》，是武夷茶文化史上最早的咏茶诗，诗中包含着晚唐五代武夷山地区茶的采摘、祭祀、制作、运销、烹饮、用具、择水等丰富信息。

徐夤，字昭梦，莆田人。唐乾宁年进士，授秘书省正字。著有《探龙》《钓矶》二集，为晚唐五代知名的文学家。

此诗是徐夤为感谢尚书惠赠他腊面茶所作。尚书为王延彬，是王族，将其得到的武夷贡茶转赠给徐夤，徐因此作诗答谢。从诗中可知晚唐时武夷茶已进入上层社会。蜡面茶是晚唐时武夷山地区所产的一种饼茶，“为其乳泛汤面，与溶蜡相似，故名蜡面茶也”。

此诗前四句主要描述武夷茶的生产制作状况。首句“武夷春暖月初圆”，点明腊面茶的产地和时间，这里的“武夷”应是大武夷概念。“春暖月初圆”指春天的确切季节，约在农历二月十三四，当为清明刚过之时。“采摘新芽献地仙”，记述初摘新茶时特有的祭祀活动。

新摘下的茶芽要先献给茶山之神，即地仙。第二句写制作成的茶饼样子，用印着飞动喜鹊的纸将茶饼包好，然后连夜装上小船（木兰船），顺建溪而下直送福州闽王宫，以致两岸山上的猿猴都惊起来一路呼叫。

第三句主要描述冲泡腊面茶的过程。先是用金属（一般是银质鎏金或者黄铜）碾槽将茶碾成细末，散发出沉香般的香气。然后将茶末冲泡后倒入“冰碗”，冰碗实为唐时龙泉所制的“秘色盏”。徐夤另有《贡余秘色茶盏》一诗记之。在完成了上贡任务后，主事官员也会留少量瓷器自用或用作人情往来，称为“贡余”。

● 唐代徐夤所作的《尚书惠蜡面茶》，是武夷茶文化史上最早的咏茶诗，诗中包含着晚唐五代武夷山地区茶的采摘、祭祀、制作、运销、烹饮、用具、择水等丰富信息。

腊面茶汤舀入冰碗，乳汤青瓷，轻烟如缕，别有一番情趣。最后一句是客气话，大意是说“我知道你赠送我的茶品质优异，我非常珍惜，所以一定要用北山的泉水来冲泡。”

北山泉为泉州清源山的一口泉水，徐夤依附王延彬，作此诗时亦在泉州，腊面可以从建州用木兰船运来，茶具也可用越窑产的冰碗，唯有泡茶之水不大可能从数百里外的建州运来，而以泉州北的清源山之泉最为合理。

在诸多描写武夷茶的诗中，徐夤此诗艺术上不算上乘，然而对于研究唐末五代的武夷茶文化，却有着特殊的意义。

06 如何解读宋代范仲淹的《斗茶歌》？

年年春自东南来，建溪先暖冰微开。溪边奇茗冠天下，武夷仙人从古栽。
新雷昨夜发何处，家家嬉笑穿云去。露芽错落一番荣，缀玉含珠散嘉树。
终朝采掇未盈襜，唯求精粹不敢贪。研膏焙乳有雅制，方中圭兮圆中蟾。
北苑将期献天子，林下雄豪先斗美。鼎磨云外首山铜，瓶携江上中泠水。
黄金碾畔绿尘飞，紫玉瓯心雪涛起。斗余味兮轻醍醐，斗余香兮薄兰芷。
其间品第胡能欺，十目视而十手指。胜若登仙不可攀，输同降将无穷耻。
吁嗟天产石上英，论功不愧阶前蓂。众人之浊我可清，千日之醉我可醒。
屈原试与招魂魄，刘伶却得闻雷霆。卢仝敢不歌，陆羽须作经。
森然万象中，焉知无茶星。商山丈人休茹芝，首阳先生休采薇。
长安酒价减千万，成都药市无光辉。不如仙山一啜好，泠然便欲乘风飞。
君莫羡花间女郎只斗草，赢得珠玑满斗归。

此诗是范仲淹（969 － 1052）的著名茶诗《答章珉从事斗茶歌》。范仲淹，字希文，江苏苏州吴县人，著名政治家。

范仲淹最为人所知并广泛流传的是他的《岳阳楼记》，其中“先天下之忧而忧，后天下之乐而乐”的名句，已成为中华民族精神的一种象征而深入人心。范仲淹的茶诗不多，然而对于爱茶知茶之人来说，他的这首《斗茶歌》却具有极高的思想和艺术价值。

斗茶又叫“茗战”，源于唐代，兴于宋代。这是一首描写斗茶场面的诗作。开篇十二句，写春天采摘和制作团茶，赞美武夷茶冠绝天下，是武夷山仙人很早时候栽种的。

“北苑将欺期献天子，林下雄豪先斗美”句起，写斗茶的全过程，从茶的争奇、茶器斗妍到水的品鉴、技艺的切磋，无不呈现一种高雅而又赏心悦目的斗茶赛。水美、茶美、器美、艺美、境美，直至味美，入眼处，斗茶场面无处不美。

● 整首诗写得夸张而又浪漫，似行云流水，不少为后人反复传颂的佳句，其意可与卢仝《七碗茶歌》比肩，其境宏伟瑰丽远胜卢歌，获得许多诗评家的高度赞美。

“胜若登仙不可攀，输同降将无穷耻”，描写斗茶者的反差心态，获胜者喜气洋洋，高高在上宛如一步登天成仙。失败者垂头丧气，哭笑不得，犹如战败降将深感耻辱。在自然界的万千物象之中，哪能缺少如同天上之石崖英华这样的精灵。正因为有了茶，陆羽为她写下了《茶经》而传世，卢仝为她写下《七碗茶歌》而歌唱；正因为有了茶，“举世皆浊我独清，众人皆醉我独醒”（屈原《渔夫》）；正因为有了茶，屈原可招魂，刘伶亦得声，商山四皓不用食林芝，首阳山上伯夷、叔齐也无须去采薇；正因为有了茶，长安酒市疲软，成都药市不景气。也无须羡慕芳龄少女因为斗茶，赢得财富满箱而归。只要一饮武夷仙山的茶就能乘着泠然清风，飘飘归去。

整首诗写得夸张而又浪漫，似行云流水，不少为后人反复传颂的佳句，其意可与卢仝《七碗茶歌》比肩，其境宏伟瑰丽远胜卢歌，获得许多诗评家的高度赞美。今天我们细读此诗，不仅可以形象地了解宋代斗茶情况，同时也能从中窥见诗人高尚情怀。

范仲淹雕像

07 清人陆廷灿所著《续茶经》说的是什么？

《续茶经》是清代最详尽的一部茶书，也是我国古代茶书中篇幅最大的。

陆廷灿，字幔亭，浙江嘉定人，曾任崇安知县（现武夷市）。熟谙茶事，采茶、蒸茶、试汤、候火颇得其道。该书洋洋10万字，几乎收集了清代以前所有茶书的资料。之所以称《续茶经》，是按唐代陆羽《茶经》的写法，按10个内容分类汇编，便于读者聚观比较，并保留了一些已经亡故的茶叶家之消息和茶书资料。《四库全书总目提要》中说："自唐以后阅数百载，产茶之地，制茶之法，业已历代不同，既烹煮器具亦古今多异，故陆羽所述，其书虽古而其法多不可行于今，廷灿一一订正补辑，颇切实用，而征引繁富。"

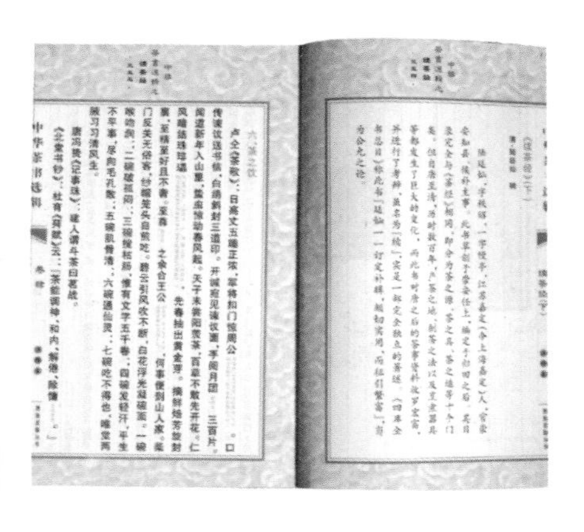

六、茶之饮

卢仝《茶歌》：日高丈五睡正浓，军将打门惊周公。口云谏议送书信，白绢斜封三道印。开缄宛见谏议面，手阅月团三百片。闻道新年入山里，蛰虫惊动春风起。天子未尝阳羡茶，百草不敢先开花。仁风暗结珠琲瓃，先春抽出黄金芽。摘鲜焙芳旋封裹，至精至好且不奢。至尊之余合王公，何事便到山人家。柴门反关无俗客，纱帽笼头自煎吃。碧云引风吹不断，白花浮光凝碗面。一碗喉吻润，二碗破孤闷。三碗搜枯肠，惟有文字五千卷。四碗发轻汗，平生不平事，尽向毛孔散。五碗肌骨清，六碗通仙灵。七碗吃不得也，唯觉两腋习习清风生。

唐冯贽《记事珠》：建人谓斗茶曰茗战。

《北堂书钞》：杜育《荈赋》云："茶能调神，和内，解倦，除慵……"

中华茶事选辑

《续茶经》（下）

清·陆廷灿 辑

陆廷灿，字秩昭，一字幔亭，江苏嘉定（今上海嘉定）人，官崇安知县，候补主事。此书草创于崇安任上，编定于归田之后。其目录完全与《茶经》相同，即分为茶之源、茶之具、茶之造等十个门类。但自唐至清，历时数百年，产茶之地，制茶之法以及烹煮器具等都发生了巨大的变化，而此书对唐之后的茶事资料收罗宏富，并进行了考辨，虽名为「续」，实是一部完全独立的著述。《四库全书总目》称此书「廷灿一一订定补辑，颇切实用，而征引繁富」，为公允之论。

值得注意的是，该书中收集大量关于武夷茶的资料。从某种程度来说，几乎是一部关于武夷茶的百科全书。除了引用宋徽宗《大观茶论》、蔡襄《茶录》、赵汝砺《北苑别录》、东溪《试茶录》等建茶专门茶著之述，同时还引用了大量散见于各种书籍史料中关于武夷岩茶的零散记录。其内容涉及起源、种植、采摘、制作、品饮、保藏等所有方面。例如书中引述王草堂关于岩茶制法的文字："茶采而摊，摊而摝（摇动），香气发即炒，过时不及皆不可；既炒既焙，复拣去老叶及枝蒂，使之一色，焙之烈其气，汰之以存精力。乃盛于篓，乃鬻于市。"可见当时武夷山岩茶制法已经相当成熟，而且开始大批销售了。尤其是在"茶之出"部分，用大量资料证实了建茶的历史，弥补了陆羽《茶经》中"不第建茶"的遗憾。此书可谓迄今为止最全面、最权威的茶学专著。

08 苏东坡如何评价武夷茶?

苏轼（1037—1101），字子瞻，号东坡居士，眉州眉山（今四川眉山）人。官至翰林学士、礼部尚书。北宋中期的文坛领袖，诗书文皆绝。他坚持真理的独立人格和随遇而安的豁达人生态度为世人所仰慕，他的茶诗从另一个侧重面反映宋代茶事与他的精神面貌。

苏东坡爱茶，特别爱武夷茶，对武夷茶的评价特别高。他认为，武夷山地区所产之茶是“森然可爱不可慢，骨清肉腻和且正。”因为爱茶，也就十分讲究泡茶：

在《试院煎茶》一诗中，他详细地描述了泡茶的全过程：

蟹眼已过鱼眼生，飕飕欲作松风鸣。蒙茸出磨细珠落，眩转绕瓯飞雪轻。
银瓶泻汤夸第二，未识古人煎水意。
君不见昔时李生好客手自煎，贵从活火发新泉。
又不见今时潞公煎茶学西蜀，定州花瓷琢红玉。
我今贫病长苦饥，分无玉碗捧蛾眉。且学公家作茗饮，砖炉石铫行相随。
不用撑肠拄腹文字五千卷，但愿一瓯常及睡足日高时。

泡茶的水一定要选取“活水”，煎水时要过了一沸（水泡如蟹眼突出），二沸出现鱼眼水泡，发出如同松涛的低低响声，此时为最佳。碾茶一定要细如松花粉，轻轻如飞尘。至于茶具，水瓶要银的，茶杯要用定州红玉瓷的。据说他还设计了一种提梁式茶壶，后人将他设计的这种壶称作“东坡提梁壶”。苏东坡甚至认为，假如掌握了高超的泡茶技艺，也可以像陆羽一样名声不朽。

苏东坡最为人所称道的茶诗或许要数《次韵曹辅寄壑源试焙新茶》

“仙山灵草湿行云，洗遍香肌粉未匀；明月来投玉川子，清风吹破武林春。

要知冰雪心肠好，不是膏油首

● 苏东坡爱茶，特别爱武夷茶，对武夷茶的评价特别高。他认为，武夷山地区所产之茶是“森然可爱不可慢，骨清肉腻和且正。”

面新；戏作小诗君勿笑，从来佳茗似佳人。”

壑源是武夷山地区的一个著名私焙，制作的茶的品质很好，苏东坡品过以后，将此茶比作美女“佳人”。自此这一句诗与他另一首赞颂西湖的诗“水光潋滟晴偏好，山色空蒙雨亦奇；欲把西湖比西子，淡妆浓抹总相宜。”中的“欲把西湖比西子”一起，成为千年以来的绝对。之前虽然有很多文人写过茶，但将佳茗比作可爱的美女，苏东坡是第一人。

苏东坡将佳茗比作可爱的美女，是有其深层原因的。苏东坡一生中先后娶过三个妻子，个个都是可爱的美女。第一任结发妻子王弗，是苏轼的老师王方之女，与苏轼同乡，性情“敏而静”，喜欢吟诗作画。王弗 16 岁嫁给苏东坡，成为他的贤内助。夫妻二人情深意笃，恩爱有加。可惜，王弗 27 岁时在东京汴梁因病逝世。王弗死后，苏轼在埋葬她的山头亲手种植了许多王弗生前最为喜爱的雪松，以寄托哀思。王弗去世后的第三个年头，苏轼娶了王弗的堂妹王闰之为妻。重新组建了一个和谐、美满的家庭，王闰之相夫教子，待王弗的儿子如同己出，让苏轼十分欣慰。苏轼仕途坎坷，多次贬谪外放，她一直跟随，毫无怨悔。

苏东坡雕像

● 苏东坡最为人所称道的茶诗要数《次韵曹辅寄壑源试焙新茶》："仙山灵草湿行云，洗遍香肌粉未匀；明月来投玉川子，清风吹破武林春。要知冰雪心肠好，不是膏油首面新；戏作小诗君勿笑，从来佳茗似佳人。"

宋哲宗元祐八年，时年46岁的王闰之因病逝世。

苏轼的第三个女人是侍妾王朝云，原是西湖的歌伎，她天生丽质，聪颖灵慧，能歌善舞，虽混迹于烟尘之中，却独具一种清新洁雅的气质。苏东坡一见就被吸引，并写了一首《蝶恋花·春景》。

她与苏轼共同生活了二十多年，陪伴苏轼度过了贬谪黄州和贬谪惠州的两段艰难岁月。不幸在惠州得了瘟疫逝世，年仅34岁。王朝云死后，苏轼郁郁寡欢，终生不再听唱自己写的那首词。

苏东坡政治上是失意的，在情场上却很得意，那些聪慧可爱的女性在他的心灵中留下深刻印象，所以，当他在杭州西湖上品着武夷茶，对着美景佳茗，想起那些可爱的美女，刹那间来了灵感，酿出了"从来佳茗似佳人"的千古名句。

09 为什么陆游说“建溪官茶天下绝”？

> 建溪官茶天下绝，香味欲全须小雪。雪飞一片茶不忧，何况蔽空如舞鸥。
> 银瓶铜碾春风里，不枉年来行万里。从渠荔子腴玉肤，自古难兼熊掌鱼。

这是南宋大诗人陆游的茶诗《建安雪》。陆游晚年时被朝廷派任提举福州常平茶事，在武夷山地区生活了将近一年，因此与武夷茶结下了不解之缘。

陆游到武夷山时正是冬天，一场大雪迎接了这位茶官的到来。建溪雪飘，兔盏雪涌。品尝了北苑贡茶后，陆游顿觉“瓯聚茶香爽齿开”。

陆游一生主战，但仕途不畅，任茶官之后，他的心态有了很大变化。一方面，他对不能上马击胡依

武夷茶山

● 陆游晚年时被朝廷派任提举福州常平茶事，在武夷山地区生活了将近一年，因此与武夷茶结下了不解之缘。直到 83 岁，“出门易倦常思卧”的陆游还念念不忘建茶的馨香。

然耿耿于怀，另一方面，又觉得武夷山水那么地令人难以忘怀。此时的南宋，虽然只剩半壁江山，经济上却有很大发展。一个承平安逸的社会中，人们有的是闲工夫，追求精致生活。凤凰山的青山绿水间，点缀着精巧的亭台楼阁，碑石泉流与天然成趣的凤冠岩、凤味岩、红云岛浑然一体，相映成趣。雪把武夷群山装点得妩媚动人。窗外飞雪飘寒，窗内茶香氤氲，陆游对建茶的体会更深了。

早年嗜酒的他，诗囊酒壶随身，做了茶官之后，即舍酒取茶。他以诗会友，以茶待客，考察龙焙，参与茶事，过得自由自在。试茶，是茶官免不了的事。每每新茶出焙，他总是最先品尝，品尝之后，诗思如泉涌，于是又有了新诗。

陆游就这样，一瓯一瓯地品，一盏一盏地尝，有的淡如微风，有的浓如烈酒，有的清如寒泉，有的厚如琼浆，有的香如灵卉，有的甘如情爱，有的苦若人生，翻江倒海，荡气回肠。茶，是人生的梦，是醒世的汤，是爱情的回味。没有漫山遍野的雪花与寒冻，就不可能有建茶的“天下绝”。有了这天下绝品的建茶，一生也不算枉过了。世上从来鱼和熊掌不可兼得。

一晃将近一年，陆游告别建安，前往江西任职。几个月之后，又被弹劾罢职，随后提举武夷山冲佑观，赋闲在家。直到 83 岁，“出门易倦常思卧”的陆游还在念念不忘建茶的馨香。

10 耶律楚材与武夷茶有何渊源？

积年不啜建溪茶，心窍黄尘塞五车。碧玉瓯中思雪浪，黄金碾畔忆雷芽。
卢仝七碗诗难得，谂老三瓯梦亦赊。敢乞君侯分数饼，暂教清兴绕烟霞。

长笑刘伶不识茶，胡为买锸漫随车。萧萧暮雨云千顷，隐隐春雷玉一芽。
建郡深瓯吴地远，金山佳水楚江赊。红炉石鼎烹团月，一碗和香吸碧霞。

枯肠搜尽数杯茶，千卷胸中到几车。汤响松风三昧手，雪香雷震一枪芽。
满囊垂赐情何厚，万里携来路更赊。清兴无涯腾八表，骑鲸踏破赤城霞。

啜罢江南一碗茶，枯肠历历走雷车。黄金小碾飞琼屑，碧玉深瓯点雪芽。
笔阵陈兵诗思勇，睡魔卷甲梦魂赊。精神爽逸无余事，卧看残阳补断霞。

耶律楚材《西域从王君玉乞茶因其韵》一共七首，这里录其四首。耶律楚材（1190—1244）是辽代皇族子孙，生长于燕京，官至中书令（宰相）。

耶律楚材幼时习儒诵经，长大后博览群书，旁通天文、地理，是在汉文化熏陶下成长起来的异族后辈。他非常认同由宋入元的汉族文化传统，与汉族文人一样崇尚喝茶的时尚。汉族儒生王君玉既是他的挚友，也是茶友。所以他喝茶不仅有汉族文人的特色，而且热衷于此道，茶对他已是生活必需品，用茶的需求须臾不离，哪怕是在军旅征战中，也得有茶喝，甚至直言不讳地向别人要茶。

《西域从王君玉乞茶因其韵》中第一首诗中说的是：很长时间没喝到建溪茶了，心像塞满五车大漠的黄尘，忆及“碧玉瓯中”的“雪浪”，“黄金碾畔”的“雪芽”。现在不能像卢仝那样连喝七碗茶，也不能

● 耶律楚材幼时习儒诵经，长大后博览群书，旁通天文、地理，是在汉文化熏陶下成长起来的异族后辈。他非常认同由宋入元的汉族文化传统，与汉族文人一样崇尚喝茶的时尚。

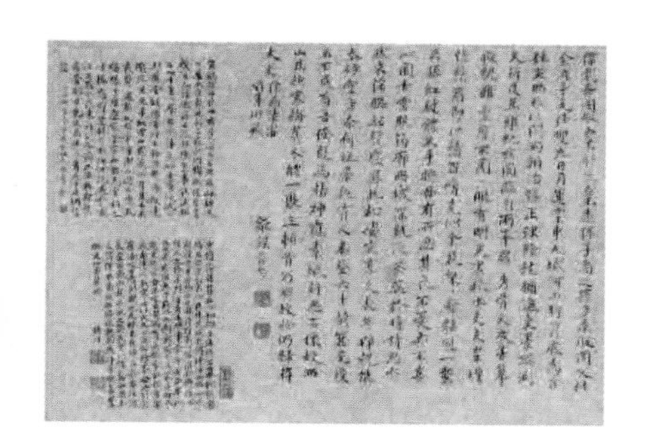

像赵州禅师那样连续三次地叫人“吃茶去”。你是有茶的“诸侯”，快分给我几个茶饼吧！让我也尽兴地过一过茶瘾。从中看出耶律楚材秉性质朴，不好繁文缛节，向正在江南任职的王君玉要茶，道出嗜茶人没茶喝的那种真切的感觉。

茶滋润着诗人的心情，接下来又连续写了五首，描写喝茶时的不同感慨。最后一首写他喝茶喝得心满意足，诗兴奔涌，逸兴遄飞，陈兵笔阵，挥毫成诗，茶驱逐了睡魔，他这时正神采飞扬地躺在帐中看如血残阳。

耶律楚材在因茶而起的诗中，写茶的幽雅、飘逸、清新、灵动，又写茶的内在气力和气魄。可是茶在他的心目中可不是一般文人的明月清风附庸风雅之举，他是在大元蒙古普及茶与汉文化，他为历史选择了汉文化，他在用茶续接中华文化历史。

这样看来，元代时在武夷山设御茶园，就有了充分的依据。同时也从另一个角度见证了汉文明的强大生命力，以及华夏文化的包容。

耶律楚材雕像

11 为什么说清代释超全《武夷茶歌》是一部近代茶史？

释超全（1627 – 1712），俗名阮旻锡，福建同安人。明末布衣，师从文渊阁大学士曾樱，随师在郑成功储贤馆为幕僚。性嗜茶，遍览茶书，能制茶，善烹工夫茶。明亡，他身怀工夫茶艺而奔走四方，遍览名山大川，尽尝天下名茶。因慕武夷山之名，约于康熙二十五年（1685）入武夷天心永乐禅寺为茶僧，法名超全。与闽南籍僧人超位、超煌等人交好，常在寺院共赴茶宴，在一起研习工夫茶艺。以茶谈禅，以茶论道，以茶说经，还与“毁家从军抗清，明亡隐居茶洞”的李卷相好，传习茶艺。

释超全的主要著作有《夕阳寮诗稿》《海上见闻录定本》和《幔亭游稿》等书。《武夷茶歌》是他诸多诗文中的一首。

全诗概述武夷茶的自然环境、茶叶采制、历史发展等。详细记录了他自己和武夷茶人的制茶工艺经

建州团茶始丁谓，贡小龙团君谟制。元丰敕献密云龙，品比小团更为贵。
元人特设御茶园，山民终岁修贡事。明兴茶贡永革除，玉食岂为遐方累。
相传老人初献茶，死为山神享庙祀。景泰年间茶久荒，喊山岁犹供祭费。
输官茶购自他山，郭公青螺除其弊。嗣后岩茶亦渐生，山中藉此少为利。
往年荐新苦黄冠，遍采春芽三日内。搜尺深山栗粒空，官令禁绝民蒙惠。
种茶辛苦甚种田，耘锄采抽与烘焙。谷雨届其处处忙，两旬昼夜眠餐废。
道人山客资为粮，春作秋成如望岁。凡茶之产准地利，溪北地厚溪南次。
平洲浅渚土膏轻，幽谷高崖烟雨腻。凡茶之候视天时，最喜天晴北风吹。
苦遭阴雨风南来，色香顿减淡无味。近时制法重清漳，漳芽漳片标名异。
如梅斯馥兰斯馨，大抵焙时候香气。鼎中笼上炉火温，心闲手敏工夫细。
岩阿宋树无多丛，雀舌吐红霜叶醉。终朝采采不盈掬，漳人好事自珍秘。
积雨山楼苦昼间，一宵茶话留千载。重烹山茗沃枯肠，雨声杂沓松涛沸。

● 全诗概述武夷茶的自然环境、茶叶采制、历史发展等。详细记录了他自己和武夷茶人的制茶工艺经验，无怪后人赞其“形容殆尽矣”。

验，无怪后人赞其“形容殆尽矣”。

在诗中，他首先肯定“前丁后蔡”在武夷茶发展中的开创性作用，指出明代废除御茶园的好处。但是没有多久，因为岩茶的出现，山民负担渐渐加重。字里行间充满对茶民的同情与悲悯。接下去，他重点写了制作武夷岩茶的自然环境条件，正如茶农所说的“看天做青”。再接着，写武夷岩茶与闽南（清漳）茶的相互影响关系。最后，他十分感慨地说，在某个风雨之夜，他与友人一宵茶话，滋润了枯肠，忘却了荣辱，在雨声与水沸声中与大自然融为一体。

从今天来看，此诗可以说是最为权威的武夷岩茶名作之一。在他看来，一切功名都如过眼烟云，只有茶，才能留传千载，只有茶，才能令人思想丰富。

除了《武夷茶歌》外，释超全还有一首《安溪茶歌》。从另一个角度论述了岩茶与闽南乌龙茶的关系，同样成为福建乌龙茶研究的重要文献。如果说前一首诗是在叙说品饮茶给他带来的快乐，后一首诗就是宣泄胸中郁闷了。释超全在描述了安溪茶以假乱真的现象后，发出“真伪混杂人难辨，世道如此良可嗟”的感叹，同时又觉得自己体弱多病，无力改变这种世道，于是只好“日向闲庭扫落花”，在娴静中独善其身了。

释超全的这两首茶诗，虽然没有直接论及茶道问题，但结合他的一生命运与志向，以及其他诗文，不难看出，他也与所有高僧一样，将茶当作修身悟道的媒介。他所喜爱的，不仅是茶本身，更是茶中所蕴含的人生启示。

释超全雕像

12 清代才子周亮工如何评价武夷山茶？

周亮工（1612–1672），清初文学家，河南祥符治（今开封）人。著述甚丰，有《赖古堂集》《闽小纪》《读画录》《印人传》《因树屋书影》等。

周亮工亦是个爱茶知茶之人，他的《闽茶曲》十首及自注，与释超全的诗有异曲同工之妙。此处录五首。

龙焙泉清气如兰，士人新样小龙团；
尽夸北苑声名好，不识源流在建安。

此诗句写建茶的源流。

自注：北苑贡茶，自宋蔡襄忠惠始。小龙团亦创于忠惠。当时有士人亦为此之消。龙焙泉在城东凤凰山下一名御泉。

宋时取此水造茶入贡。北苑，亦在郡城东。先是，建州贡茶，首称北苑龙团，而武夷石乳之名犹未著。至元，设场于武夷，遂与北苑并称。今则但知有武夷，不知有北苑矣。吴越间人颇不足闽茶而甚艳北苑之名，实不知北苑在闽中也。

御茶园里筑高台，惊势鸣金礼数该。
那识好风生两腋，都从著力喊山来。

此诗写喊山。

自注：御茶园在武夷第四曲，喊山台、通仙井皆在园畔。前朝著令每岁惊蛰日，有司为文致祭毕，鸣金击鼓台上，扬声同喊曰“茶发芽”井水既满，用以制茶上供，凡九百九十斤，制毕，水遂浑浊而缩。

崇安仙令递常供，鸭母船开朱映红。
急急符催难挂壁，无聊斫尽大王峰。

此诗写急催贡茶，民不堪苦。

自注：新茶下，崇安令例致诸贵人。黄冠（道人）苦于追呼，尽研所种，武夷真茶绝矣。潜篷船前狭后广，延、建人呼为鸭母。

一曲休教松栝长，悬崖侧岭展旗枪。
茗柯妙理全为祟，十二真人坐大荒。

此诗写武夷山茶的盛衰。

自注：茗柯为松括所蔽，不近朝曦，味多不足，地脉他分，树亦不茂。黄冠既获茶利，遂遍种之，一时松括樵苏都尽。后百余年为茶所困，复尽刘之，九曲遂灌涩矣，十二真人即从王子骞学道者。

雨前虽好但嫌新，火气难除莫近唇。
藏得深红三倍价，家家卖弄隔年陈。

此诗写武夷山人不饮新茶，多喜隔年陈。

自注：上游山中人不饮新茶，云火气足以引疾。新茶下，贸陈者急标以示，恐为新累也，价亦三倍。闽茶新下不亚吴越，久贮则色深红，味亦全变，无足贵。

13 现代茶业专家关于武夷岩茶的专著有哪些?

1. 吴觉农《整理武夷茶区计划书》

吴觉农（1897—1989），浙江上虞人，是我国著名的农学家、茶叶专家和社会活动家，也是我国现代茶叶事业复兴和发展的奠基人。1916 年在浙江省甲种农业专科学校毕业后，长期从事茶业研究和管理工作。1949 年中华人民共和国成立后任中央人民政府政务院农业部副部长兼中国茶叶公司总经理。退休后仍为中国茶业发展呕心沥血，被誉为“当代茶圣”。

1941—1945 年在福建省崇安筹建财政部贸易委员会茶叶研究所任所长期间，吴觉农先生经过深入调查研究，写了《整理武夷茶区计划书》一书。该书通过对武夷茶区的地理气候环境特点的调查以及武夷茶业在各历史阶段兴衰情况的分析，有的放矢地提出恢复发展武夷茶业的全面计划。从调整茶园和经营管理两大方面，详尽论述了多项改进方法。提倡推广良种、推广机制、建立生态示范园、科学防治病虫害等。特别能给人启示的是，他提出了在整理茶区发展茶业的同时，要“维护名山名茶，光大武夷胜迹”，并且发展武夷山旅游事业，做到“茶以山名，山以茶显”相得益彰。由此可见吴觉农先生的远见卓识。

2. 林馥泉《武夷茶叶之生产制造及运销》

林馥泉，原籍福建惠安，民国时期著名茶学家。1943 年时任福建示范茶厂制茶所主任期间，在武夷山主持研究武夷茶的栽培、制作、营销、文化等方面的工作。

在武夷山工作期间，林馥泉先生通过周密的调查研究写成《武夷茶叶之生产制造及运销》书，并在福建省农林处农业经济研究室出版的《第二号农业经济研究丛刊》上发表。该书图文并茂，内容翔实精练，堪称现代武夷茶学的第一部专著，也是公认质量最高的一本武夷茶生产制造经典专著。全书共分九章，并附录一些茶文、茶诗及有关民俗。

● 吴觉农《整理武夷茶区计划书》、林馥泉《武夷茶叶之生产制造及运销》、张天福《福建乌龙茶》。

3. 张天福《福建乌龙茶》

张天福，茶叶教育专家，1910年出生于上海，被尊称为中国“茶学界泰斗”。

1940年，由福建省政府与中国茶叶公司联合在崇安创办“福建示范茶厂”，任命张天福为厂长，统辖全省茶业各分厂和制茶所，成为当时全国规模最大的茶叶生产、科研、推广、销售相结合的单位。1942年，由于各方面基础较好、条件优越，该厂被当时的重庆国民政府财政部贸易委员会改办为所属的全国第一个茶叶研究所。在筹建“福建示范茶厂”过程中，张天福仍不忘茶业教育。1941年，他利用示范茶厂的设备和人才，建立“崇安县立初级茶业学校”，由他兼任校长，培养茶业人才。

中华人民共和国成立后，张天福任福建省农业厅茶叶处长，负责全省的茶叶行政管理工作，大力推广茶业机械化制作。在百忙的行政管理工作同时，及时总结经验，写出茶学专著《福建乌龙茶》，以及多篇有关福建乌龙茶的著作。这些著述来源于实践，对于指导武夷岩茶的种植、制作、品鉴、养生等，都有积极作用。

《福建乌龙茶》张天福著

杂录

1. 武夷山有其他茶类吗？
2. 正山小种是什么茶？
3. 金骏眉是什么茶？
4. 闽红三大工夫红茶是什么？市场影响如何？
5. 白茶是什么茶？

……

01 武夷山有其他茶类吗？

中国茶客，按其口味习惯，大体上可分为几派。“绿党”：好绿茶者，人数最多，主要分布于长江中下游地区；“红党”，喜欢红茶者；“青党”：好乌龙茶者，其中又分为好铁观音者、好岩茶者等诸派，多分布于闽粤台地区；“黑党”：好黑茶与普洱茶者，其主力分布于珠三角地区及西藏、新疆、内蒙古地区；“白党”，近年来，白茶大有崛起之势，喜爱者越来越多。此外，在广大的黄河中下游地区，还有部分好花茶者，但是队伍日趋减少，地盘逐渐被绿、红、青、黑、白五党所侵占。

之所以将这茶客分“党”划“派”，是因为这些茶客的口味一旦形成就相当稳定，观念上也比较固执，总认为自己所好之茶乃天下第一，对他茶则不屑一顾，甚至嗤之以鼻。喝惯绿茶者，以为乌龙茶浓苦如药；喝惯岩茶、普洱茶者，又觉绿茶清淡如水；等等。

个人喜好自然无可非议，但若因此而产生一种轻视、排斥他茶的心理，就有些遗憾了。事实上，任何一种茶，即便极小的品类，比如黄茶以及散落各地的不知名之茶，都有佳处。我因长居武夷山地区，在相当一段时间里，对岩茶情有独钟。在我看来，岩茶是所有茶中香型最丰富、茶汤最醇厚的。总而言之，岩茶是天下最好的茶！

然而，在武夷山，除了武夷岩茶外，红、绿、白三类茶都有生产；若到茶叶市场上逛一逛，你会发现，不少店铺有卖外地生产的茶类，如台湾乌龙、凤凰单丛、铁观音，还有普洱茶、黑茶、花茶等等。特别是在每年十一月举办的海峡茶博会上，几乎汇集了全国各地甚至世界各地的茶类，让你看得眼花缭乱，心动不已。

在有机会品尝了一些其他类茶之后，我就感到，将自己的口味固定在某一种茶上，会失去多少的享受！例如，品过潮州的凤凰单丛之后，我才知道，原来这茶的香型居然有杏仁、蜜兰、荔枝、黄枝、八仙等十大香系列，而且茶汤非常甘醇，具有相当迷人的魅力。而在品过几种外地产的绿茶后，我才认识到，绿茶虽然汤水清淡，仍有许多可回味之处。例如太平猴魁，外形粗枝大叶，香气却清而有韵，茶汤则淡而有味。至于普洱，开初喝时，我一点也不喜欢它那种老樟木箱似的陈味，茶汤虽浓而无骨；然而，当我有机会品到上等普洱茶时，就不禁为它后来居上的深沉韵味而叫绝了！

所以，尽管我平时还是喝岩茶居多，但也不放过品尝各种各样茶的机会。多喝岩茶，主要是因为生活在岩茶产区，情况熟悉，来源清楚，可以比较容易地得到性价比好的岩茶。喜欢品尝他茶，是因为每一种不同的茶，都有不同的韵味；在品尝过程中，不仅能给感官带来新的愉悦，也能使我对岩茶的认识得到提高。所以每当我看到一种新奇茶时，都会买一点，有时可能就50克。与此同时，我也在想，天地无限大，自然真奇妙，而人，实在太渺小。不说别的，光光一个茶，就有多少你所不知道的。

而人生的乐趣，也许就在这不断地了解、探索、发现的过程中。我们未必都要如茶圣陆羽般走遍天下去问茶，却完全可以尽可能地去品尝各种各样的茶。读万卷书，行万里路，是许多人梦寐以求的一种人生境界；若能品千种茶，难道不也是一种人生的境界？

02 正山小种是什么茶?

正山小种产于武夷山市星村乡桐木关一带，所以又称“桐木关小种”或“星村小种”。“正山”的意思是“正宗的高山所产”，同时也为了区分其他地区所产红茶。正山小种以武夷山自然保护区桐木关为中心，北至江西铅山石陇，南到武夷山曹墩百叶坪，东到武夷山洋庄乡大安村，西至光泽县司前村，西南到邵武观音坑，面积约600平方公里，是茶界公认的世界红茶发源地。

“小种”的意思是小叶种菜茶茶青制作而成。

正山小种的发明，与岩茶基本同时。民间传说，有一次一支军队从江西进入福建，过境桐木关，占驻了茶厂，待制的茶叶无法及时炭火烘干，产生红变，茶农为挽回损失，采取易燃松木加温烘干，形成一股特有的浓醇味。稍加筛分制作即装篓上市出售，不料深受消费者喜爱，自此风靡起来。但从实证科学的角度来说，具体的创造者和准确的出现时间均已不可考。大约在明末时，红茶始由荷兰转至英伦。真正发展是在清中期之后。据有关资料显示，1751—1760年，英国东印度公司从中国输入茶叶1678余万千克，其中武夷红茶1063.35万千克，占总输入量的63.3%。

正山小种干茶

地道的正山小种是以武夷山桐木村小叶种菜茶嫩芽为原料制成，分无烟种和烟小种两种，主要区别在于是否用松柴熏制。从外形条索来看，正山小种干茶呈黑褐色，有金毫，汤色红亮；烟小种的干茶更黑而润泽，汤色色彩更加浓艳。从滋味上看，无烟种更为柔和，有一种玫瑰花香；烟小种有一种明显的桂圆汤味道，别具风味。

● “正山”的意思是“正宗的高山所产”，同时也为了区分其他地区所产红茶。“小种”的意思是小叶种菜茶茶青制作而成。

正山小种加入牛奶及其他添加物，形成糖浆状奶茶，茶汤更为浓稠甘滑。相当长一段时间它是英国皇家及欧洲王室贵族享用的特种茶，后来则变为风靡英伦的下午茶。

由于正山小种所产区域分属不同县市，所以又在前面冠以地名：如观音坑红茶、干坑红茶、坳头红茶等等。一般来说，正山小种的最高级别是特级，其次是一级。二级以下经过切筛整形，因此外形看起来也比较细碎匀整。

近年来武夷山结合红茶与岩茶制法，出现一种名为“赤甘”的正山小种新产品，与台湾东方乌龙茶相类。有大赤甘、小赤甘之分。大赤甘干茶外形粗大，小赤甘干茶外形细结呈条索状，乌黑或乌褐。赤甘不用烟熏，茶汤色泽赤红，有花果香，滋味甘醇，适合清饮。

岩茶园

03 金骏眉是什么茶?

金骏眉是正山小种的高档产品，也是中国红茶的高档产品。

与传统正山小种产品相比，金骏眉的最大特点是,外形细长如眉，间杂金色毫尖；香气幽雅多变，既有传统的果香、薯香，又有明显的蜜香、花香；茶汤色泽较淡，金黄透亮；滋味特别甘鲜圆润。不过，这种产品无论对原料还是对制造工艺的要求都非常高。必须选择生长于千米以上高山的竹林边缘处那一圈老茶树的春季单芽。据统计，每公斤大约需要 15—18 万个芽尖，而且必须是谷雨前后一周内萌发的芽头。采摘时，要等太阳出来后，茶芽上露水全干之后。此外，制作时还必须非常小心,全过程手工操作。即使这样，制优率也只有 70%，可谓一分功夫一分品质，丝毫马虎不得。

金骏眉产量少，价格较高。于是有人出了个主意，以生产金骏眉的工艺,生产档次稍低一些的产品。这样原料来源就丰富得多，产量也可以得到较大幅度提高，成为真正市场商品化的红茶产品。于是试着生产了一批，名为“银骏眉”，果然也获得了成功。

金骏眉一炮走红，风靡中国之后，各地纷纷仿制其制法，一时间出现了许多相似产品。有的自创品牌，有的则冒用品牌，各类仿制品品质参差不齐，鱼龙混杂。但不管怎样，金骏眉的横空出世，不仅提升了红茶制作工艺水平，更重要的是推动了整个中国的红茶产业，使其出现一个质的飞跃。

金骏眉包装

04 闽红三大工夫红茶是什么？市场影响如何？

武夷山桐木红茶出口的发展极大地刺激了生产，周边地区纷纷仿制。因此出现了闽红三大工夫红茶：政和工夫、坦洋功夫、白琳功夫。武夷山市场上常见的工夫红茶多为政和工夫，主要产于距武夷山100多里的政和县，基本制法源于武夷“正山小种”而又有所改进。

政和茶业的历史也很悠久。早在800多年前的北宋时代，政和的茶园就属当时北苑御茶园。政和茶业的全盛是在清康熙年之后。其时中国红茶外贸兴旺，正山小种红茶供不应求，于是有人从武夷山引进红茶制法，生产用于外贸的红茶。同治十三年（1874），江西客商赵某到政和遂应场倡制工夫红茶。遂应场生态优越，加上精湛的工艺，使得政和工夫红茶显示出极佳的品质，在福州茶行备受青睐，售价倍增。据传，此后每年福州茶行都要等政和茶运到才开市。工夫红茶引来茶商云集，设庄监制，全盛时仅遂应场一乡，茶庄多达20余家。

光绪二十二年（1896），政和发现大白茶茶树品种并以“压条法”繁育成功，锦屏茶商叶之翔用政和大白茶树鲜叶新制工夫红茶，品质异于一般红茶，于是正式定名“政和工夫”。20世纪30年代，政和工夫红茶最高年产量达一万担，并在巴拿马万国博览会上获得农商部所颁最高奖。

政和工夫无论自然环境还是茶树品种，都与武夷山正山小种不同，它不用烟熏工艺，有自身的独特风格。成品茶条索细小结实，呈紫黑色或金黄色，以大白茶制作的有金色细毫。冲泡后有一股浓郁的似玫瑰或紫罗兰的花香，茶汤色如红葡萄酒，杯沿有一圈金色，滋味圆醇，甘鲜感强。

政和工夫中的高档产品名叫“金毛猴”，干茶外形亦如金骏眉，颜色金黄，茸毛明显。冲泡后花香浓郁，茶汤色泽金黄，滋味特别甘鲜。

05 白茶是什么茶？

白茶属不发酵茶，起源于唐代，明代时已形成成熟工艺。武夷山市场上常见的多为政和白茶以及建阳漳墩白茶。以政和大白茶制作的产品称为“大白”，以小叶种菜茶制作的称为“小白”。白茶制作工艺独特，主要特点是既不破坏酶的活性，又不促进氧化作用，且保持外形叶张肥厚、平伏伸展、毫心肥壮，叶色灰绿；香味清芬甜醇的品质特征。

白茶产品主要有三种：白毫银针、白牡丹、寿眉（贡眉）。

1. 白毫银针

白毫银针鲜叶原料全部是初生单芽，成品茶形状似针，长二厘米许，白毫密被，色白如银，因此命名。冲泡后，香气清鲜，滋味醇和，杯中的景观也别具情趣。茶在杯中沉浮，即出现白云似的光闪，满盏浮花乳，芽芽挺立，极具观赏性。

白毫银针

2. 白牡丹

白牡丹创制于建阳漳墩村，外形毫心肥壮，叶张肥嫩，呈波纹状隆起，芽叶连枝，叶缘垂卷，叶态自然，叶色灰绿，夹以银白毫心，呈“抱心形”。叶背遍布洁白茸毛，叶缘向叶背微卷，芽叶连枝。冲泡后，碧绿的叶子衬托着嫩嫩的叶芽，好似牡丹蓓蕾初放，绚丽秀美；滋味清醇微甜，毫香鲜嫩持久，汤色杏黄明亮，叶底嫩匀完整。

3. 贡眉（寿眉）

贡眉有时又被称为寿眉，是白茶中产量最多的一个品种。制造贡眉原料采摘标准为一芽二叶至一芽二三叶，要求含有嫩芽、壮芽。

优质的贡眉成品茶毫心明显，茸毫色白且多，干茶色泽翠绿，冲泡后汤色呈橙色或深黄色，叶底匀整、柔软、鲜亮，叶片迎光看去，

● 白茶属不发酵茶，起源于唐代，明代时已形成成熟工艺。白茶产品主要有三种：白毫银针，白牡丹，寿眉（贡眉）。

可透视出主脉的红色，品饮时感觉滋味醇爽，香气鲜纯。

除此以外，近年来还出现了一种新工艺白茶，简称新白茶。

传统白茶以新鲜茶青为原料，不炒不揉，最大程度保留茶叶原味，但在口感上较为清淡，常有一股青树叶的味道。新白茶对鲜叶的原料要求同白牡丹一样，嫩度要求相对较低。

但经过微发酵处理，汤色橙黄，有淡淡的花香，滋味较醇，叶底展开后可见其色泽青灰带黄，筋脉带红。因其汤味较浓，有闽北乌龙的"馥郁"，因而受到消费者的欢迎。现在已远销欧盟及多个东南亚国家。

06 武夷山有生产茶饼吗？

将干燥的成品散茶用蒸气蒸软，放进事先制好的模型里，经过紧压后取出来，便成了茶饼。现代武夷山的茶饼源于宋代北苑龙凤团饼工艺，但又经一定程度的改进，成为一种新的产品。

武夷山茶饼的原料，一般使用岩茶中的大红袍或水仙茶。压制方法有手工与机械两种，形状一般为圆形或方形。重量大者 5 公斤，小者 100 克，甚至有仅 10 克的小茶饼。

岩茶饼在用途上分为两类。一类是旅游纪念品，压制得特别紧，坚硬如石，俗称“铁饼”。形制较大，表面压有武夷山标志性图案和相关文字，不适合饮用；另一类是可以饮用的，型制较小，最多 500 克，松紧适中，正面有武夷山图案及相关文字，也有无图案文字的，背面有格子纹，以便掰下冲泡。可以冲泡的茶饼一般都有纸质外包装，有的还有专门的硬纸盒。

岩茶饼适合于保存，与普洱茶一样，可以长期储藏而陈香益显。

除了岩茶饼以外，还有以白茶中的白牡丹或贡眉为原料制作的白茶饼。形制与岩茶饼类似，外表以纸包裹，亦有礼盒装。

白茶饼是可以冲泡饮用的，在存放的过程中发生酶促反应，汤色金黄透亮，年久了转为酒红，形成独特的口感，陈醇陈香，回味甘甜。

白茶没有经过揉制，外形比较松散，将其压制成饼，更便于储存和携带，且随着存放的时间越长其药用价值越高，越陈越好，自己收藏或送亲朋，都是最佳选择。

07 什么是“龙须茶”？

龙须茶又名“束茶”，是武夷山民间制作的一种特殊茶类。系用条形茶叶以彩色丝线捆扎成一束一束的茶。它的外形壮直墨绿，很像神话中的“龙须”，因而得名。

龙须茶早在清初即有文字记载。《续茶经》（1734）中简述其采制的方法：“摘初发之芽一旗未展者，谓之莲子心；连枝三四寸，剪下烘焙者，谓之凤尾龙须”。龙须茶以武夷山麓八角亭所产的品质最佳。又因为龙须茶集中产地在武夷山的八角亭村，故又名“八角亭龙须茶”。外形壮直，色墨绿。

内在品质特点介于烘青绿茶和乌龙茶之间，冲泡后，汤色清澈明净，呈橙黄色，带乌龙茶香型，滋味醇厚，极耐冲泡。

龙须茶

08 我为什么喜欢武夷岩茶？

我爱饮茶。初饮时，并无特别嗜好。管它绿茶、红茶、乌龙茶，有茶都好。因为在当时看来，所有的茶味都差不多。然而饮久了，渐渐偏爱起武夷岩茶了。

与其他类茶相比，岩茶具有非常独特的韵味。一般茶客多认为铁观音香更好。而从水（闽人对茶汤的俗称）来说，好的岩茶非常耐泡，至少可冲七遍。汤色金黄或橙黄，带红，有时入口虽然有些微苦涩，然而片刻之后，便齿颊生津，回甘无穷，感觉特别醇厚。所以，也曾有人将岩茶称为“酽茶”。这种香醇，即使放置一夜，茶凉了犹不散。岩茶还一个最大特点是：温和平正，养胃益颜，四季皆宜。不像绿茶，性偏寒凉，有胃病的人不可常饮。红茶则性偏温热，暑夏炎热之际少饮为佳。所以有人将绿茶比作妙龄少女，红茶比作多情艳妇，乌龙茶比作大家闺秀。而岩茶则可算是闺秀中最有风韵的了。岩茶的这些特点，即所谓的岩韵，引得许多老茶客趋之若鹜，因此而常有“惯饮武夷茶，不喝天下茶”之叹。

不过，我之所以喜爱岩茶，不仅仅是因它的岩韵味，更主要的是它给我带来的精神上的平静与欢乐。在相当长的一段时间里，我是个狂放不羁的酒徒。时常大杯大杯地彻夜豪饮烈酒，也常醉得踉踉跄跄找不着北。然而，它却曾在十年蹉跎岁月中，点燃我的希望之火，鼓起我的拼搏勇气。而在命运改变了之后，酒不仅成了我处理人际关系的调和剂，也是我宣泄情绪的催化物。一天不喝就有失落感，隔三岔五地就会在酒桌上吆五呼六一番。然而，正如俗话所说的“乐极生悲”，因为喝酒，我出过许多洋相，误过许

● 与其他类茶相比，岩茶具有非常独特的韵味。我之所以喜爱岩茶，不仅仅是它的岩韵味，更主要的是它给我带来的精神上的平静与欢乐。

多事。尽管如此，我却还是不肯放下酒杯，一直到“喝坏了作风喝坏了胃，喝得老婆背靠背”，这才在某一天幡然醒悟：再也不能如此下去了！

于是，我便开始喝茶了。因为岩茶近在咫尺，随手可得，也就喝得多一些。谁知一喝就喝上了瘾。也许是年纪大了，经历的事情多了吧，喝茶的心态与过去喝酒时相比，有了极大的改变。我不再有那么多的幻想，不再有那么多的欲望，也不再有那么多的不平。当我品味着岩茶的韵味时，仿佛闻到了山野丛林的花香，听到了峡谷溪流的喧哗，看到了悬崖峭壁的雄奇，感到了自然的变幻与美妙。我的心，如同九曲溪上的秋日潭水，平静如镜。种种的世俗烦恼，都如水中月、岸边花，统统随波逝去。留下的，只有一片宁静，一片空明！我终于明白了，为什么有那么多的智者喜欢饮茶。为什么鲁迅会说：“有茶喝，会喝茶，是一种福分。”我想，我要好好地珍惜这种福分。